ナノ学会編
シリーズ：未来を創るナノ・サイエンス＆テクノロジー 第**4**巻

ナノバイオ・メディシン

細胞核内反応とゲノム編集

編著 宇理須 恒雄
共著 佐久間 哲史
　　 高田 望
　　 竹中繁織
　　 小澤岳昌
　　 吉村英哲
　　 胡桃坂 仁志
　　 越阪部 晃永
　　 原田昌彦
　　 束田裕一
　　 宮成悠介
　　 塩見 美喜子
　　 大西 遼

近代科学社

◆ 読者の皆さまへ ◆

平素より，小社の出版物をご愛読くださいまして，まことに有り難うございます．

㈱近代科学社は1959年の創立以来，微力ながら出版の立場から科学・工学の発展に寄与すべく尽力してきております．それも，ひとえに皆さまの温かいご支援があってのものと存じ，ここに衷心より御礼申し上げます．

なお，小社では，全出版物に対してHCD（人間中心設計）のコンセプトに基づき，そのユーザビリティを追求しております．本書を通じまして何かお気づきの事柄がございましたら，ぜひ以下の「お問合せ先」までご一報くださいますよう，お願いいたします．

お問合せ先：reader@kindaikagaku.co.jp

なお，本書の制作には，以下が各プロセスに関与いたしました：

- 企画：小山 透
- 編集：高山哲司，安原悦子
- 組版：大日本法令印刷（LaTeX）
- 印刷：大日本法令印刷
- 製本：大日本法令印刷
- 資材管理：大日本法令印刷
- カバー・表紙デザイン：tplot Inc. 中沢岳志
- 広報宣伝・営業：冨髙琢磨，山口幸治

- 本書の複製権・翻訳権・譲渡権は株式会社近代科学社が保有します．
- JCOPY 〈(社)出版者著作権管理機構 委託出版物〉
  本書の無断複写は著作権法上での例外を除き禁じられています．
  複写される場合は，そのつど事前に(社)出版者著作権管理機構
  （電話 03-3513-6969，FAX 03-3513-6979，e-mail: info@jcopy.or.jp）の
  許諾を得てください．

シリーズ：未来を創るナノ・サイエンス&テクノロジー
刊行にあたって

　これから10年もすれば，世の中にある集積回路の線幅はナノメートルに近づきます．そのときには，原子・分子の世界そのものが，大学や研究所の理論や実験の域を離れ，実世界の工業界で使われていることでしょう．量子力学は難しいから分からない，などとは言っていられなくなります．

　とはいえ，誰もが量子力学を理解できるとは限りません．昔の車は，故障すれば個人で修理することもできました．それが今のコンピューター制御の車は，とても素人に手が出せる装置ではありません．その意味で，ナノテクノロジーが進展しても，一般人が量子力学そのものを話題にすることはないのです．逆に，より分かりやすい方策がとられるようになるはずです．

　ナノテクノロジーも同様です．アインシュタインが相対性理論を発表した当時（1905年 特殊相対論，1916年 一般相対論），日常生活では，ほとんどの人に気づかれることなく彼の理論がカーナビという形で活用されるようになるとは，アインシュタイン本人も含めて誰も夢にも思わなかったことでしょう．しかし，カーナビ技術に相対性理論が利用されていることは事実なのです．それを理解する一握りの人が必要なのです．それが分かるような誰かが生まれ，気を入れて勉強し，本当に大事な事柄を確実に理解して実社会に応用する．その手助けとして本書が使われるとしたら，このシリーズを企画した者としてこの上ない喜びです．

　本シリーズは，ナノ学会の出版事業の一環として，私たちと近代科学社が一緒になって企画しました．その趣旨は，次のとおりです：

　クリントン米国大統領（当時）が2000年に発表したNNI（National Nanotechnology Initiative：国家ナノテクノロジー戦略）に端を発して「ナノテクノロジー」という言葉が盛んに用いられるようになり，10年以上の歳月が経ちました．ところが，初期に期待された急激なシリコンテクノロジーからの移行は進んでおらず，最近では，フィーバーは過ぎたという認識

さえもたれはじめています．本当にそうでしょうか．

　そもそも，ナノテクノロジーという単語自体は1974年に当時の東京理科大学の谷口紀男教授が作った造語ですし，日本が化学合成の分野で急激な進展をしていることに米国が危機感をもってNNIを始めたというのが真実です．これは日本人が誇りにすべきことだと思います．液晶テレビの最終製品は韓国製が優位に立ちつつありますが，そこで使われている伝導性光透過膜の原料（ターゲット）は日本製です．我が国は，このような材料系基盤において世界をリードする技術立国であり，その将来像がナノテクノロジーなのです．

　ナノ学会は設立当初から，今で言う「true nano」を目指してきました．よく知られているとおり，数十ナノメートルのサイズの物質はまだバルク（固体）と同じ性質を示します．それが数ナノメートルを切るサイズになると，原子数がひとつ違えばまったく物性が異なる，いわゆる「ナノ粒子」となるのです．これらナノ粒子を集合させて新物質を創製あるいは新機能を実現しようとするのが「true nano」です．

　本シリーズは，学部3年〜修士1年の学生，ナノスケールの科学技術を学ぼうとしている一般読者などを対象に，現在の技術の延長ではない「true nano」を正しく理解してもらうことを目指して企画されました．というのも，技術立国日本の将来は，本物のナノスケール制御による新技術を使いこなせる研究者の育成にかかっているからです．

　本シリーズの各巻は，大まかに「概要の解説」と「テーマごとの解説」から構成されています．よく分からないと言われがちなナノ・サイエンス&テクノロジーの基礎的事項をまずは理解していただいたあと，最先端研究や将来展望にまで触れていただきます．もちろん，時々刻々と状況が変わり得る新技術を扱うため，"古い内容"とならないよう最新の情報まで盛り込むようにしました．

編集委員
川添良幸（代表）
池庄司民夫・太田憲雄・大野かおる・尾上　順・水関博志・村上純一

まえがき

　本書は，一人でも多くのナノバイオ，ナノメディシン分野の研究者に読んでいただきたいという願いから企画されました．本書をきっかけとして，読者諸氏がナノバイオ・メディシンの学術基盤をより深く強固なものとし，単に"ナノテクの医療応用"という表面的な言葉からぬけ出て，難病の治療に真に挑戦する学術体系を自らのうちに構築していただけることを期待しています．

　2000年前後は，ナノテクノロジーの生みの親とも言える，オプトエレクトロニクスが日本の基幹産業の座から徐々にはずれ，新しい基幹産業の模索が始まった時期のように思われます．私は2001年のフランスはサン・マロ (Saint Malo) での表面振動分光の国際会議に出席したその帰途，Max Planck 研究所の Walfgang Knorr 博士の研究室を訪問し，脂質二重膜の研究を見学しました．これが私にとっての生体物質研究，いわばバイオ研究のスタートでした．バイオ研究といっても固体基板上の脂質二重膜を原子間力顕微鏡で観察する程度でしたが，思いもよらずナノバイオにのめりこむきっかけとなったのは，2008年10月，James D. Watson 博士と Joan A. Steitz 博士が岡崎研究センターに来られ，コンファレンスセンターにおいて講演をされたのを聴いたのが事の始まりです．

　この時，すでにゲノム完全解読宣言がなされ (2003年)，ナノテクの医療応用たるナノメディシンの重要性が世界各国で認識され始めていました．私たちの主催するナノメディシン国際シンポジウムも2回目を開催していたものの，私自身はこの新しい学術の本質に気づいてはおらず，ナノテク研究者としてナノメディシンに興味をもっていたにすぎませんでした．Watson と Steitz の講演も正直ほとんど理解できなかったように思いますが，何か強烈に惹（ひ）かれるものを感じ，翌年，Steitz 博士を上記国際シンポジウムに招聘（しょうへい）

して，一介の半導体研究者と世界的分子生物学者との交流が始まりました．生命科学に関しては，中学生の知識さえもっていなかった私にもかかわらず，今日まで相手にしてくださった Steitz 博士に感謝の念を強く抱く次第です．

その後，私も神経変性疾患の研究に興味をもち，ハイスループットスクリーニング装置の開発を進め，いろいろな，主として医学領域の先生方と交流するうちに，Steitz 博士のナノメディシンから見た業績の偉大さと重要性を深く認識するに至りました．そして，ナノメディシンという言葉が意外と広く流布している割には，"ナノテクの医療応用" という表面的な理解以上に深く本質に導いてくれる授業も，教科書もないことに気づきはじめ，本書の編集を引き受けた次第です．

この分野の発展を目指して，実際に研究に取り組んできた者として私が主張したいのは，"細胞核内反応" を，生命科学者だけでなく物理・化学の研究者も深く理解し，研究することの重要性です．Watson と Steitz の講演を初めて聴いて以来，きちんとまでゆかなくとも，本質を理解するのに9年近くかかったわけです．折しも，2015年4月に，日本再興戦略の柱として，日本医療研究開発機構 (AMED) が設立され，2000年頃に模索され始めた新しい日本の基幹産業と科学技術の方向性が見えてきたようにも感ぜられます．その意味で，本書が，ナノメディシンに関心をもつ，特に，これから研究生活をスタートする多くの皆さんに読まれ，我が国の新しい科学技術の基盤の構築と強化に役立てられるなら，編集に関わった者として，この上なくうれしく思う次第です．

本書は，多くの異分野の代表的研究者の方々に執筆をお願いし，快諾いただいたことで実現しました．そのきっかけは『ナノ学会会報』に発表された論文にあったことを付記しておきます．異分野の研究者が関わったことで，同じ内容のことがそれぞれ違った観点から記述されているという特色も本書にはあります．その意味で，どの章から読み始めてもよいように構成されておりますが，各章がお互い異分野で難解な点も多々あると思います．巻末に掲載した用語集（本文中で 網掛け をしてある語の "解説集"）を参考にし

ながら何度も読み返し，自分なりの新しいナノバイオ・メディシン学術基盤を構築していただければ幸いです．

2017 年 4 月
執筆者を代表して
宇理須恒雄

目　次

まえがき v

第1章　バイオ領域に挑むナノテク
　　　　　――序論
1.1　ナノテク・ナノバイオ・ナノメディシンの展望 1
1.2　ゲノム編集の最新動向 7

第2章　遺伝子ひしめく核内の科学
　　　　　――細胞核内反応の化学・計測
2.1　核酸化学の最近の状況 13
2.2　蛍光顕微鏡を用いた生細胞内1分子可視化解析法 32

第3章　遺伝子発現の新常識
　　　　　――クロマチン動態
3.1　ゲノムDNAを収納するクロマチンの構造基盤 47
3.2　クロマチン構造変換複合体と核構造によるクロマチン動態制御 ... 61
3.3　クロマチンの化学修飾とその制御機構 72
3.4　クロマチン高次構造の役割と解析技術 85

第4章　ぬり替わる！RNAの姿
　　　　　――ノンコーディングRNA
4.1　はじめに 95
4.2　ノンコーディングRNA 97

4.3 piRNAの諸相 115
 4.4 ノンコーディングRNA研究の今後の展望 133

第5章 「DNA改変」の時代へ
——ゲノム編集の基礎と応用
 5.1 ゲノム編集の歴史と現状 135
 5.2 ゲノム編集技術と立体培養技術の融合 150

用語集 167
参考文献 179
索　引 213

第 1 章

バイオ領域に挑むナノテク

> **要約**
>
> 本章では，本書のタイトルにもなっているナノバイオ・メディシン（ナノバイオ，ナノメディシン）について，その発展経緯と展望，および最新動向を簡潔に紹介する．1.1 節ではこの分野の歴史をたどりつつ，難病 ALS の治療法開発を目指す最近の研究について概観する．1.2 節では同分野の中心技術として急発展を遂げた「ゲノム編集」のポイントを駆け足で解説する．

1.1 ナノテク・ナノバイオ・ナノメディシンの展望

　電子顕微鏡の実用化により，はじめてウイルス（タバコモザイクウイルス；tobacco mosaic virus）が W. Stanley により発見されたのは 1935 年である．野口英世は黄熱病の原因を探るためアフリカにわたったのであるが，研究中に自身も罹患してしまいガーナのアクラで 1928 年に 51 歳で死去した．ナノテクを代表する技術とも言える電子顕微鏡の実用化がもう少し早かったらと惜しまれる．また，ろ過性病原体，すなわちウイルスの存在は 1890 年代に予測されていたが，その実在の確認は電子顕微鏡の開発により初めて達成されたわけで，ナノバイオやナノメディシンのブレイクスルーにとってのナノテク，すなわち，10 億分の 1 m レベルの距離の計測や物質を取り扱う科学技術の重要性を示す．また，背景には，電子の波動性を理論づけるナノサイエンス，すなわち量子力学の誕生（1925 年，W. Heisenberg）があることも忘れてはならない．

　タバコモザイクウイルスの分子構造は，Stanley のもとで X 線回折の研究を行った R. Franklin によって，中空のカプシドタンパク質 (capsid protein)

2　第 1 章　バイオ領域に挑むナノテク

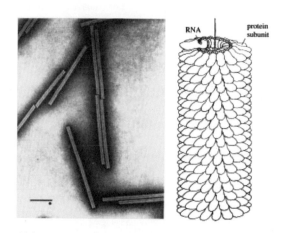

図 1.1　（左）タバコモザイクウイルスの電子顕微鏡写真．スケールバーは 100 nm，（右）X 線回折で決められた，ウイルスの構造．タンパク質のサブユニットが一回転当り 16・1/3 個詰まってらせん構造を形成している．RNA が各らせんのターンとターンの隙間にはまっており，らせんの中心軸から 40 Å（オングストローム）離れたらせんを形成している．
出典：許可を得て文献 [1] 図 1 を引用．

の中に RNA が入っているという分子模型が 1958 年に提案されたが，その構造の正しさが確認されたのは彼女の死後であった（図 1.1）[1]．彼女は，DNA の二重らせん構造の解明につながる X 線回折写真を 1953 年に撮影しており，このデータを用い，J. Watson と F. Crick により DNA の二重らせん構造が 1953 年に提案されている [2]．タバコモザイクウイルスはインフルエンザウイルスなどの多くの知られたウイルスと比較して非常に単純な構造をしているが，十分な感染力を有し，病原体としての資格を有している点はまさにナノメディシンの究極のターゲットとして注目すべきである．

　このように 1950 年代，1960 年代は DNA，RNA の構造決定など，その後大発展したナノバイオロジーのあけぼのとも言えるが，この時期に蓄えられた膨大な基礎知識にもとづくナノバイオロジーのブレークスルーは，RNA の機能が解明され始めた 1970 年前後に始まったと言える．J. Steitz による snRNP とその スプライシング 制御機能の発見 [3][4]，T. Check による RNA の触媒機能， リボザイム などの発見 [5] から，最近の A. Fire と G. Mello に

よる RNA 干渉 (RNA interference) の発見（1998 年）[6]，さらにはゲノム編集の発明 [7] へと華々しく発展する．この発展を支えたナノテクノロジー自体は，2000 年頃までは，電子顕微鏡技術の発展のほか，走査型トンネル顕微鏡 (STM)，原子間力顕微鏡 (AFM) の発明など，1970 年頃にスタートした半導体集積回路技術や光通信技術の飛躍的技術革新とともに発展したと言うべきである．しかし，このオプトエレクトロニクス革新が一段落し，新たにナノバイオロジーの飛躍的発展がスタートしたことから，電子顕微鏡に代わる各種超解像顕微鏡の発明（図 1.2）[8] に象徴されるように，今後は 1 分子イメージング（図 1.3）などのナノバイオロジー革新がナノテクノロジーの発展をけん引するものと予想される．

　ナノメディシンは 2003 年のヒトゲノム完全解読宣言 (completion of the human genome sequence) を受けて，米国 NIH(National Institute of Health) により最初に使われた言葉で，ナノテクの医療応用あるいはナノテクを利用した医療という新しい学術や医療を意味する．著者（宇理須）は，筋萎縮性側索硬化症 (amyotrophic lateral sclerosis : ALS) の原因解明や治療法開発に役立つ神経細胞ハイスループットスクリーニング装置の開発を進めている関係上，ナノメディシンの動向には特に関心があり，今後，難病と言われる疾患の解決にはナノテクおよびナノバイオの貢献，すなわちナノメディシンの貢献は非常に重要と考える．

　ナノメディシンの観点から最近の報告を参考に，ALS の現状と今後の展望について考えてみたい．ALS は運動神経細胞の脱落により重篤な筋肉の萎縮と筋力低下をきたす神経変性疾患で，運動ニューロン病の代表である．19 世紀中ごろシャルコー (J.-M. Charcot) に最初に疾患が報告されて以来 100 年以上の研究にもかかわらず，原因も治療法も不明で，シャルコーによって報告されたのと同質あるいは類似する孤発性患者は現在，「古典型（孤発性）ALS」または単に「ALS」と診断され，「シャルコー病」と呼ぶ医学者もいる．一方，古典型 ALS の徴候や神経病理学的所見に加え，認知機能障害を示す症例群（認知症を伴う ALS : ALS-D）も存在し，遺伝学的，病理学的類似性から前頭側頭葉変性症 (frontotemporal lobar degeneration : FTLD) と同一の疾患スペクトラムを形成するとも考えられている．

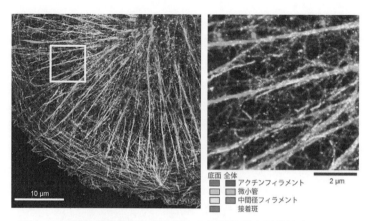

図 1.2 無制限の多重染色を実現した超解像蛍光顕微鏡法 IRIS [8] により 4 種類の細胞構造（アクチン，微小管，中間径フィラメント，接着斑）をイメージング．
出典：IRIS 開発者である，京都大学大学院生命科学研究科・渡辺直樹教授および医学研究科・木内泰准教授 提供．

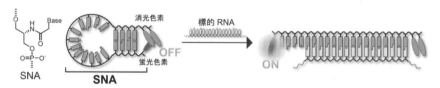

図 1.3 名古屋大学工学研究科・浅沼浩之研究室で開発された生細胞内 RNA イメージング技術．図は人工核酸 SNA(セリノール核酸)を用いたモレキュラービーコンの構造概念図 [9]．末端に蛍光色素と消光色素がついたステムループ型 DNA で，標的となる RNA が存在しない場合は発光しないが，相補的な RNA が来ると二重鎖を形成し発光する．
出典：名古屋大学工学研究科研究室，樫田啓准教授 提供．

ALS は 1 年間に人口 10 万人当り 1〜2 人程度が発症する．好発年齢は 50 代〜70 代で，男女比は 1.3 でやや男性に多い．10% 程度の症例は家族性であるが，90% 程度の症例は遺伝性を認めない孤発性である．遺伝性 ALS のうち 20% 程度を占めるとされる，常染色体優性遺伝の ALS1 は 21 番染色体上の *SOD1*（Cu / Zn superoxide dismutase 1；スーパーオキシドディスムターゼ 1 遺伝子）に突然変異がある．この変異 SOD1 の発見 [10] により，

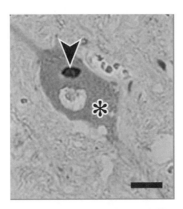

図 1.4 前頭側頭葉変性症 (FTLD) 発症に引き続いて筋委縮性側索硬化症 (ALS) を発症した患者の脊髄運動ニューロンの細胞質（＊印）には TDP-43 凝集体からなる封入体（▼印）が観測される．スケールバー 20 μm [13]．

ALS を分子生物学の観点から研究する道が開かれたが，ALS 患者の大多数を占める孤発性の ALS (SALS) については，長年何ら手がかりが得られない状態であった．しかし，2006 年に ALS10 の原因遺伝子として TDP-43 (TAR DNA-binding protein of 43 kDa) が発見され，さらに家族性 ALS のみならず多くの孤発性 ALS 患者の変性運動神経細胞の細胞質封入体に TDP-43 のリン酸化凝集体が蓄積していることが発見され [11,12]，ALS 研究が飛躍的に活発化するに至った．最近の新しい知見を以下にまとめる．

① 変異 SOD1 が原因の患者を除いて，家族性 ALS (FALS) および SALS のほとんどの患者の変性細胞の細胞質に ユビキチン 陽性封入体 (ubiquitinated inclusions) が見いだされ，この封入体に TDP-43 のリン酸化された凝集体が見いだされる（図 1.4）[13]．正常細胞では TDP-43 は細胞核内に分布する．同様な特性は同じく RNA 結合タンパク質である FUS (fused in sarcoma) についても見られる．

② TDP-43 および FUS については，変異がある場合は家族性 ALS 発症に至るが，孤発性 ALS では細胞質へ凝集体として異常局在を示すと同時に，本来あるべき核内での局在が減少する．これまでに同定された ALS

表 1.1　ALS と ALS-D の遺伝的特徴

Table 1. Genetics of ALS and ALS-D

Gene locus	Chromosomal locus	Gene	Inheritance	Dementia
ALS1	21q22	Superoxide dismutase 1 (SOD1)	AD	-
ALS2	2q33	Alsin (ALS2)	AR	-
ALS3	18q21	Unknown	AD	-
ALS4	9q34	Senataxin (SETX)	AD	-
ALS5	15q15-21	Unknown	AR	-
ALS6	16q11.2	Fused in sarcoma/translocated in liposarcoma (FUS/TLS)	AD	-
ALS7	20p13	Unknown	AD	-
ALS8	20q13.3	Vesicle associated membrane protein-associated protein B (VAPB)	AD	-
ALS9	14q11.2	Angiogenin (ANG)	AD	-
ALS10	1p36.2	TAR DNA binding protein (TARDBP)	AD	+
ALS11	6q21	FIG4	AD	-
ALS12	10p13	Optineurin (OPTN)	AR/AD	-
ALS13	12q24.12	Ataxin-2 (ATXN2)	AD	-
ALS14	9p13	Vasolin-containg protein (VCP)	AD	+
ALS15	Xp11.21	Ubiquillin 2 (UBQLN2)	AD	+
ALS16	9p13.3	Sigma nonopioid intracellular receptor 1 (SIGMAR1)	AR	-
ALS17	3p11.2	Chromatin-modifying protein 2B (CHMP2B)	AD	+
	12q24	D-Amino acid oxidases (DAO)	AD	-
	2p13.1	Dynactin 1 (DCTN1)	AD	-
	9p21.2	C9ORF72	AD	+

AD, autosomal dominant; AR, autosomal recessive
出典：許可を得て文献 [14] Table1 を引用．

の責任遺伝子を表 1.1[14] に示す．これらについて，細胞死に至るメカニズムは，凝集体の形成，酸化ストレス，遺伝子の イントロン における GGGGCC リピート配列の異常な伸長，オートファジイやタンパク質分解酵素によるタンパク質分解の異常など極めて多様である [14,15]．責任遺伝子の多様性と合わせて ALS が多因子疾患であることを示す．
③ 同じ遺伝子に起因する異常が，ALS や前頭側頭葉変性症 (FTLD) など神経変性疾患にとどまらず，筋や骨の疾患の病態にも共通している可能性を示唆しており，前述のように疾患スペクトラムをさらに広げて考える必要性が出てきた [15,16]．
④ ALS の大半を占める SALS については，TDP-43 あるいは FUS がユビキチン陽性封入体内での凝集体として観察されるという情報が得られたにすぎず，TDP-43 凝集体形成より上流の分子メカニズムを解明する必要がある．しかし，上流の分子メカニズムの研究例は，まだ極めて少ない [17]．

TDP-43というALS研究分野の期待の星のような分子が発見されたとはいえ，膨大かつ複雑多様な孤発性疾患の未知性に対してはほとんど手がかりも得られていない．アルツハイマー病 (Alzheimer's disease：AD) においても，アミロイドベータ (Aβ)[18]，タウやAβ-GM1複合体 [19] の発見がAD研究に大きな影響を与えたが，ADについてもALS同様，真の原因や根本的治療法は見いだされていない．多因子疾患の原因解明に向けたナノテク，ナノバイオの研究者の努力すなわちナノメディシンの貢献がいまこそ求められていると思う．

1.2 ゲノム編集の最新動向

　2015年12月，Science誌が毎年選定しているBreakthrough of the year に，ゲノム編集 (genome editing) 技術の一つであるCRISPR（clustered regularly interspaced short palindromic repeats；クリスパー）テクノロジーが選ばれた [20]．これまでにもScience誌は，Breakthrough of the year 2012, 2013の次点としてそれぞれTALEN（transcription activator-like effector nuclease；ターレン）とCRISPRを取り上げてきたが，遂に今回，満を持してのトップ当選となった．ノーベル賞受賞者の発表時期には，CRISPRシステムの開発者であるJ. Doudna，E. Charpentierの両名が受賞するのではないかと色めき立ち，一般紙であるTIME誌までもが，世界で最も影響力のある100人の中に，前記の2名を挙げている．

　ここ日本においても，NHKをはじめとする各メディアがこぞってゲノム編集技術の特集を組むに至り，にわかに一般社会を巻き込んだ一大センセーションの様相を呈しつつある．ゲノム編集技術とは何なのか，なぜ，それほどまでに騒がれるのか，ゲノム編集研究の最前線から見える景色はどのようなものか——本節で全容を伝えるのは困難だが，可能な限りそれらを読み解くヒントを散りばめたい．

1.2.1 ゲノム編集とは

　ゲノム編集の原理を含む基礎情報については，第5章5.1節で詳しく説明するため，そちらを参照されたいが，ここではまずその概念のみをかいつま

んで説明しよう．

ゲノム編集とは，一言で言えば，その名のとおり「ゲノム DNA を編集する技術」である．分子生物学実験を始めたばかりの学部生諸氏でも，制限酵素 (restriction enzyme) を用いた プラスミドベクター (plasmid vector) の切り貼りには馴染みがあるだろう．一般的に用いられる制限酵素は，6 塩基ほどの認識配列を有し，プラスミドベクター上の特定の領域を切断することができる．これを利用して，たとえば数千塩基対程度の配列を有するプラスミドベクターを任意に編集することができるわけである．翻って，ヒト細胞のゲノム DNA を編集するとなるとどうか．ヒトゲノム (human genome) は，およそ 30 億塩基対もの配列情報を有する．このうちの特定の一箇所を（しかも生細胞内で）編集することがいかに難しいかは容易にイメージできよう．それを可能にしたのがゲノム編集である．

ゲノム編集のコンセプトは単純明快であった．一般的な制限酵素が有する 6 塩基程度の認識配列では，30 億塩基対の特定の一箇所を狙って標的とすることができない．ならば認識配列を伸ばしてやればよい，というアイデアで，20 塩基前後の配列を認識することのできる人工の DNA 切断酵素が開発されたのである（詳細は 5.1 節を参照のこと）．これまでのゲノム編集の開発の歴史は，この人工 DNA 切断酵素の開発史と同義であると言っても過言ではない．第 1 世代の ZFN（zinc finger nuclease；ジンクフィンガーヌクレアーゼ）で確立された基本設計は，第 2 世代の TALEN（ターレン）へと受け継がれたが，それらとコンセプトの異なる第 3 世代の CRISPR-Cas9（クリスパー・キャス 9）の登場によって，ゲノム編集技術は一気に花開いた．CRISPR-Cas9 の爆発的な普及に伴う遺伝子改変法の地殻変動は，生命科学史においてもまれに見る革命的出来事であったと言えよう．

1.2.2　ゲノム編集は何をもたらすか

ゲノム編集技術が登場する前から，一部の細胞株や生物個体では，相同組換え (homologous recombination) と呼ばれる機構を用いた 遺伝子ターゲティング (gene targeting) 法によって，部分的には遺伝子を改変することが可能であった（5.1 節および 5.2 節に詳しい）．しかしながら，適用できる細

胞種・動物種には限りがあり，また大きな労力を伴うことから，すべての研究室で扱える技術とは言えず，必ずしも思いどおりに改変できるような代物でもなかった．ところがゲノム編集技術を用いれば，一つの遺伝子への変異導入 (targeted mutagenesis) や遺伝子挿入 (gene insertion) はもちろん，複数の遺伝子に同時に変異を入れたり，染色体領域を広域欠失 (large deletion) させたり，異なる染色体同士の転座 (translocation) を誘導して キメラ (chimera) の染色体を作ったりと，正しくゲノムレベルの自由自在な改変が，任意の細胞や生物個体で可能となるのである [21]．これが生命科学研究に，また一般社会に，一体何をもたらすのか．

(1) 生命科学研究におけるゲノム編集

まず基礎研究レベルでは，何をおいても遺伝子の機能解析法を飛躍的に進化させた功績が大きい．遺伝子の機能を知るためには，当該遺伝子を破壊（遺伝子ノックアウト；gene knockout) した変異体を作製し，その表現型を解析することが重要となるが，これが理論上いかなる細胞種でも，いかなる生物種でも，研究室ベースで作製可能となったことで，遺伝子の機能解析の常識は完全に覆された．これまで siRNA (small interfering RNA) や モルフォリノアンチセンスオリゴ (morpholino antisense oligonucleotide) などによる一過的な遺伝子ノックダウン (gene knockdown) に頼らざるを得なかった細胞種や生物種でも，完全な ノックアウト (knockout) が実行可能になったことで，実際にこれまで解析できなかった遺伝子の機能が次々と明らかにされつつある．

また，単純に遺伝子の機能を破壊するだけでなく，特定のアミノ酸だけを改変するような変異を入れることも可能である．それがヒトにおける遺伝性疾患 (genetic disorder) の原因変異であった場合，疾患モデルの細胞や動物が容易に作製できることとなる．さらに外来遺伝子を任意の遺伝子座に挿入することも可能であり，これにより内在遺伝子の発現様式を生細胞でリアルタイムに可視化することなども実現可能となった（5.2 節を参照）．

その他にも，特定のゲノム領域に結合するタンパク質や 核酸 分子を同定するのに役立ったり [22]，特定の遺伝子の 転写 をコントロールしたり

[23],特定の遺伝子座の エピゲノム (epigenome) 環境を改変したり [24],特定の染色体領域を生細胞内でトラッキングしたり [25] と,ゲノム編集技術の展開例は極めて多岐にわたっている.

(2) 農水畜産分野におけるゲノム編集

では,一般社会におけるゲノム編集の影響には,どのようなものがあるだろうか.まずはヒトの生活における三大要件である衣食住の一端を担う「食」について考えたい.

味や見た目,栄養価を高めた作物は,常に必要とされており,長い年月をかけて品種改良が繰り返されてきた.また,いずれ訪れる食糧難の時代に向けて,生産性を向上させた農作物や,耐病性作物,腐りにくい作物などの開発も急務となっている.そのような状況の中で,特に我が国においては,いわゆる遺伝子組換え作物 (genetically modified organism) に対する風当たりが極めて強く,従来の品種改良に頼らざるを得ない状況が続いていた.ゲノム編集がこの状況を打破する突破口となるかどうかは,この技術に対する社会受容がどの程度進むかにかかっている.しかし,少なくともこれまでの遺伝子組換えとは異なり,外来の核酸を残さずに目的の遺伝子だけを改変させることができる点から,遺伝子組換えとは違う枠組みで扱うことが可能となるかもしれない.実際に,ゲノム編集技術を用いて有毒成分であるソラニンの生合成を抑制したジャガイモなども作製されており [26],これからの食品開発にかかるゲノム編集への期待は非常に大きい.

(3) 医学分野におけるゲノム編集

ゲノム編集が一般社会に多大な影響を与え得るもう一つの方向性は,言わずもがなの医学応用である.前述の疾患モデル細胞・生物を利用した病態解明や創薬スクリーニングはもとより,疾患に関与する遺伝子群の順遺伝学的スクリーニング (forward genetic screening) にも利用される [27].さらにウイルスの排除にゲノム編集を利用する試み(この場合はヒトゲノム DNA でなく,ウイルスゲノムを編集することになる)も進められている [28].そして最も期待されるのが,これまで疾患の根本的な原因を治療することができな

次世代再生医療
Next-Generation Regenerative Medicine

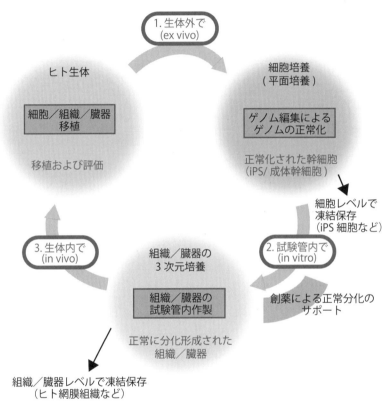

図 1.5　ゲノム編集を用いた遺伝子治療の概略

かった遺伝病の原因変異の修復，言うなれば"遺伝子手術"である（図1.5）．ゲノム編集を用いた遺伝子手術として想定される具体例を以下に記す．

まず特定の疾患をもつ患者の皮膚などから体細胞を採取 (*ex vivo*) し，iPS細胞 (induced pluripotent stem cells) を作製する（成体幹細胞；adult stem cells の場合は，採取後に次のステップへ）．次に，ゲノム編集技術を用いて

遺伝病の原因変異を修復する．さらに，特定の疾患部位に相当する（3次元）立体組織/臓器を試験管内で 分化 形成させる．ここで創薬によるサポートも適宜利用することで，信頼性/機能性の高い組織/臓器を目指す．最後に患者へ移植することにより疾患の回復および，その経過の評価を行う．将来的には，あらゆる難治性疾患に対して，"機能的な組織/臓器の形成" や "生体に近い環境での病気のモデル化と発症機序の理解"，"移植技術の発達" をとおして医療への貢献が期待される．重要なことは，いずれのステップもこの一連の技術に相互に関連し，進化/改良され盤石な手法として提供されることである．

1.2.3 おわりに

本節では，ゲノム編集がどのようにして生まれ，どのようなことを可能にし，これから先どのように生命科学分野，医学分野，また一般社会へと波及していくかを，今後の展望も含めて概説した．ゲノム編集は，これまで不可能であったさまざまなことを可能にした一方で，使い方を誤れば予期せぬ事態を招く恐れもはらんでいる．中国の研究者らが報告したヒト受精卵でのゲノム編集 [29] は，国際的な倫理問題となっているし，一部の昆虫などで実施例が示された遺伝子ドライブ (gene drive) 法 [30] は，一度拡散すると種の根絶を招く危険性を有している．著者（佐久間）らは，今後もゲノム編集の基礎技術開発に携わりながら，この技術が真に人類の豊かな生活に貢献し，決して望まれざるべき使途に使われないよう，啓蒙を続けていきたい．

細胞核内反応の化学・計測　第2章

遺伝子ひしめく核内の科学

- 要約 -

　本章では，細胞の核内反応に着目し，化学的な立場から現在までに明らかになっている最新の知見と観察方法について取り上げる．核内はDNAとタンパク質が高密度にひしめき合う環境にもかかわらず，遺伝子は巧みに発現する．2.1節ではそのメカニズムを，2.2節では蛍光顕微鏡を使って生きた細胞を目で見たように観察できる解析方法を，それぞれ解説する．

2.1　核酸化学の最近の状況

2.1.1　はじめに

　ヒトは，約3.7兆個の細胞からなっており，その3分の2の約2.6兆個の，核をもたない赤血球を除くと核を有する細胞は1.1兆個と考えられている[1]．これらの細胞一つ一つに，遺伝子の本質であるDNAが折り畳まれて核として存在する．ヒトのDNAは30億塩基対（3×10^9 bp, bp = 塩基対）から成り立っており，典型的二重らせんとして知られるB型DNAは，10.5塩基で3.4 nmとされている．二倍体(diploid)細胞では，相同染色体(homologous chromosomes)として両親からそれぞれ各染色体を1個ずつ受け継いでいるので，30億塩基対/10.5塩基対×3.4 nm×2 = 2 mとなり，直径わずか10〜15 μmのヒト細胞内に2 mのDNAが折り畳まれて染色体(chromosome)として存在することになる．このためにDNAは，何千分の1，何万分の1にも凝集しなくてはならない．染色体において質量の半分はタンパク質であり，これによってDNAを効率良く細胞内に収めることができる

と同時に DNA の損傷を受けにくくしている．さらに，細胞分裂の際に効率良く娘細胞に DNA を分配できると言われている．この DNA は，必要な遺伝子を必要な時間に働かせないといけないので，その折り畳みには，高度な機構が存在していると考えられる．

図 2.1 に DNA の細胞内での折り畳み様式を示した．DNA は，ヒストンタンパク質に巻きつけられてコンパクト化している．11～15 キロダルトン (KDa．Da は注目している分子 1 個の質量を表す) のヒストンタンパク質は，H2A，H2B，H3，H4 からなり，H2A と H2B，H3 と H4 とが絡み合って二つずつでコアヒストンタンパク質を形成する．これに 146 bp 程度の DNA が 1.65 回巻きつき，さらにヒストン H1 が留め金のように結合して，安定化している．コアヒストンタンパク質のアミノ酸残基は，少なくとも 20% 以上のリジンまたはアルギニンをもっている．これをヌクレオソームといい，これにより DNA が約 6 分の 1 にまとめられている．ヌクレオソームとヌクレオソームとの間はリンカー DNA でつながれている．ヌクレオソームから 30 nm 繊維にまとめることで DNA の長さは約 40 分の 1 に圧縮される．これがさらに巻きついてクロマチン繊維，さらに巻きついてソレノイドとなり，それがさらに巻かれてスーパーソレノイドとして染色体を形成している．

このような高次に折り畳まれた DNA-タンパク質複合体は，細胞の活動や細胞分裂の際に特定の DNA 部分が開いて mRNA を発現させ，タンパク質が作られる．また，必要がなくなると折り畳まれた状態として核に存在している．この染色体の 遺伝子発現 制御領域は，ユークロマチン (euchromatin) や ヘテロクロマチン (heterochromatin) として知られており，遺伝子発現には，ヒストンタンパク質のアセチル化やメチル化が関与していることが明らかとなってきた．これらは，光学顕微鏡の観察結果から明らかになっており，ヘテロクロマチン領域はさまざまな色素で濃く染色され，DNA も詰まっている．一方，ユークロマチンは，色素で染まりにくく隙間が多い構造と考えられている．ヘテロクロマチン領域は，遺伝子の発現が非常に限られており，ユークロマチン領域は遺伝子発現が活発に行われていると考えられている．このような染色体の状態を調べる手法の初期の段階として，

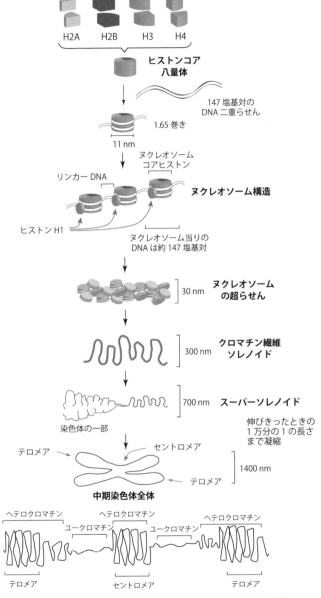

図 2.1　細胞内での DNA の折り畳み様式と染色体構造

DNA バンディング試薬の開発が行われてきた．これらは，細胞の切片サンプルを DNA バンディング試薬によって染色するといった手法で行われてきた．現在でも染色体異常の解析として一般に利用されている．

2.1.2 染色体バンディング

　細胞の核に存在する染色体は，19 世紀にはすでに塩基性色素に染まりやすい部分として知られていた．染色体 chromosome の名前もギリシャ語の chroma（色）にちなんで名づけられている．ヒト細胞内に 46 本のひもの固まりとして存在する染色体は，細胞分裂が起こる時期（M 期）に最も凝集した状態となり，一つ一つのひもとして識別される．

　一つ一つの染色体においても細かく観測すると，染色度合いの異なる模様が見られる（図 2.2 (A)）．一つの染色体 DNA は，図 2.2 (A) のように セントロメア と呼ばれる区切れ部分で，短腕と呼ばれる上部分と長腕と呼ばれる下部分に分かれている．染色体 DNA は，核酸 塩基のグアニン (G) とシトシン (C) に富む（GC 含量が高い）領域と核酸塩基のアデニン (A) とチミン (T) に富む（AT 含量が高い）領域のモザイク構造により成り立っており，これが染色体バンド構造を生む主要因と言われている．図 2.2 (B) に代表的な染色試薬を示した．これらの色素によって染色された染色体のバンド解析を染色体バンディング法 (chromosome banding technique) と言い，古くはキナクリンマスタードにより染色し，蛍光顕微鏡で観察することによって行われてきた．キナクリンマスタードは，キナクリン誘導体であるアクリジンのジエチルアキノ基部分がジクロロエチルアキノ基（マスタード）に置換された構造を有しており，DNA 二重らせんの塩基対間に平行挿入する分子群「インターカレータ (intercalator)」の一つである．キナクリンは，AT 含量が高い DNA と AT 含量が低い（GC 含量は高い）DNA との結合実験において GC 選択的にインターカレートすることが示されている．また，キナクリンは，GC 部位へのインターカレーションでは，その蛍光が消光され，AT 部位では，その蛍光増強が起こることが知られている．

　キナクリンマスタードやキナクリンによる染色体バンディングによって得られる蛍光の縞模様は，染色体が周期的に AT 部位の高い部分（Q 陽性

2.1 核酸化学の最近の状況　　17

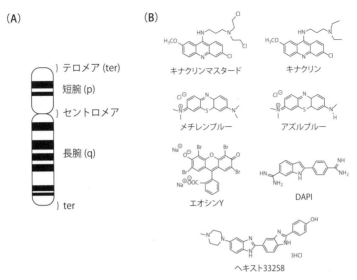

図 2.2 (A) 染色体バンディングの概念と (B) 染色試薬の例
Q バンドを与えるキナクリンマスタードおよびキナクリンの化学構造（上段）．キムザ (Giemsa) 染色液としての塩基性の色素であるメチレンブルー，アズルブルーと酸性の色素であるエオシン Y の化学構造（中段）．DNA への溝結合試薬，ヘキスト 33258 および DAPI の化学構造（中段および下段）．

バンド）と低い部分（Q 陰性バンド）が存在していることを示唆しており，それが蛍光バンドとして観察されたと考えられている．Q 陽性バンドでは，遺伝子密度が低く，組織特異的に発現する遺伝子の一部だけが分布している．Q 陰性バンドは，組織特異的遺伝子の他にハウスキーピングタンパク質遺伝子もあり，遺伝子密度が高いと考えられている．ハウスキーピングタンパク質遺伝子では，遺伝子をコードしているコドンの 3 文字目が GC に富む傾向が示されており，これと一致している．ヒトに存在する 46 本の染色体（22 本の常染色体と XY，XX の性染色体）において全体で 2000 本程度のバンドが観察できると言われている．このバンディングパターンの異常によって，染色体異常による遺伝病の検査も行われている．たとえば，5 番染色体の短腕の先端側が欠損すると，猫鳴き症候群となり，両目の間隔が大きく離れて，子猫の異様な甲高い声でなく知的障害を伴うことが知られてい

る．さらに，21番染色体が1本多いのがダウン症と言われ，正常では1対ある21番が3本あり，21トリソミーと呼ばれている．18トリソミーや13トリソミーなども知られている．

　Q 染色法 では，Y 染色体の長腕末端部が特に強く光ることが知られている．Y 染色体をもつ精子は，生きたままで精子の頭の根元部分で光るスポットが見られ，これによって Y 染色体を有する精子として識別が可能である．

　他の染色法としてギムザ (Giemsa) 染色液による手法が行われている．ギムザ液は，塩基性の色素であるメチレンブルー，アズルブルーと酸性の色素であるエオシンとの混合液で，アルカリ溶液中のメチレンブルーが酸化されアズルブルーとなって，エオシンと結合して核内に入る．トリプシンや尿素などで処理した染色体をギムザ液で染色すると，Q バンドと一致することが知られている．一方，88℃ の 1M NaH_2PO_4 液 (pH4.0〜4.5) で 10 分処理すると，Q バンドと逆のバンドが得られる．これは，GC 含量の高い部分が染色されていると言われている．

　染色体バンディングのための種々のインターカレータが利用されているが，染色体バンディングパターンは，インターカレータの塩基対選択性や蛍光挙動だけでなく，染色体の凝集状態，すなわちユークロマチンやヘテロクロマチンなどを反映しているものと考えられている．他の DNA 結合性のバンディング色素として，図 2.2 に示したインターカレータ以外に DNA への溝結合試薬であるヘキスト 33258 や DAPI なども利用されているが，バンドは AT 含量が高い領域，GC 含量が高い領域のバンドとして区別されている．

2.1.3　DNA 染色試薬

　先に述べたように DNA に結合し，蛍光を変化させる分子は古くから知られており，それを利用した DNA 検出が行われている．図 2.3 にインターカレータの例とエチジウムブロミド (EtBr) 等のモノインターカレータの DNA 二重らせんの塩基対間における平行挿入（インターカレーション）の概念図を示した．

　アフリカの睡眠病の治療薬として知られている EtBr は，古くから DNA

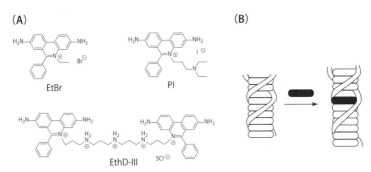

図 2.3 (A) インターカレータの例. EtBr（エチジウムブロミド），PI（プロピジウムヨージド），EtD-III（エチジウムホモダイマー III）．(B) DNA インタカレーションの概念図．

染色試薬として DNA 断片のゲル電気泳動分析の際に蛍光染色剤として利用されてきた．現在，その発がん性から使用されなくなっており，サイバーグリーンなどの発がん性が低く，染色感度の良いものが開発されてきている．EtBr は，DNA 二重らせんの塩基対間にインターカレーションされ，蛍光増強を示す（$\lambda_{ex}/\lambda_{em}$ = 518/605 nm；λ_{ex}：励起波長，λ_{em}：発光波長）．

　EtBr の蛍光増強は，極性溶媒である水溶液から DNA の内部の疎水的な核酸塩基対に平行挿入されることに加え，EtBr のフェニル基部分の自由回転の性質がこの平行挿入で変化することで生じる．EtBr は単結合でつながれたフェニル基を有しており，溶液中で自由回転が可能である．EtBr は水溶液中で励起されたエネルギーをこの回転のエネルギーに使うため，熱拡散して蛍光は出ない．しかし，DNA に結合することによってその回転が制限され，熱拡散経路が遮断され発蛍光となる．EtBr は，カチオン性の分子で臭素アニオン Br^- が対イオンとして存在する．ポリアニオンである DNA に結合することにより Br^- がエチジウムから引き離される．Br^- は重原子効果によってエチジウムの蛍光を消光するが，引き離されることによって消光が解除される．さらに，DNA 二重らせんの内部の核酸塩基対のスタックの間にエチジウムが平行挿入されるので，核酸塩基対の励起によってエネルギー移動による蛍光増強も可能であることが知られている（10 塩基対に 1 分子のエチジウムの存在により，効果的なエネルギー移動が可能であると言われて

いる).このような効果によって,水溶液中に単独で存在するときはほとんど蛍光を示さないにもかかわらず,DNA二重らせんにインターカレートされることによってその蛍光を20〜25倍増強されることが知られている.

最近開発されてきた種々のDNA蛍光染色分子も,上記に述べた機構によってDNA結合に伴う蛍光増強が達成されている.また,EtBrを二つ連結させたEtD-IIIは,エチジウムブロミドよりも安定でかつ感度の高い試薬として発展している.この蛍光増強機構としては,上記の機構に加え,分子内のエチジウムにおける分子内スタッキングによる消光と,DNAへのビスインターカレートによる蛍光消光の解消が加味されている.

同じエチジウム骨格を有したビスカチオンであるプロピジウムヨージドPI ($\lambda_{ex}/\lambda_{em}$(DNA – bound) = 535/617 nm) もDNA染色色素として知られているが,生細胞の細胞膜を透過できない.しかし,死細胞は細胞膜に損傷があるのでPIは細胞膜を透過して核のDNAを染色することができる.この性質を利用して生細胞と死細胞の区別が行われている.エチジウムホモダイマーIIIは,5個のカチオン部を有するのでより細胞透過性が低く,DNA結合による蛍光増強も大きいので生細胞と死細胞の区別に優れている.

EtBrのようなインターカレータがDNA二重らせんへインターカレーションすることによって起こる変化を,蛍光スペクトルの変化としてこれまで述べてきた.このようなインターカレーションによってDNAの高次構造も変化することが知られている.次にこれらについて述べる.

2.1.4 DNAインターカレータ

インターカレータの化学は,W. D. WilsonとR. L. Jonesによってまとめられている [2]. DNAはWatson-Crickの二重らせん構造として知られているが,その構造はB型と呼ばれるもので,DNA配列や塩の種類,濃度によって微妙に異なっている.その代表的なものとして,A型構造や左巻きのZ型構造が知られている.

B型DNAは,核酸塩基の幅である3.4 Åが10.5塩基重なって360°回転しているので1塩基対当り約36°ねじれている.インターカレータが,重なっている核酸塩基対の間に入り込むことによってDNAは巻き戻される(図

2.3)．EtBr では 12°巻き戻されることが知られている．インターカレータの平行挿入された塩基対間が巻き戻されると同時に，すぐ隣の塩基対にひずみが生じる．このひずみによって，すぐ隣の塩基対にはインターカレートできない．したがって，インターカレータが DNA 結合で飽和された状態でも 2 塩基おきしか結合できないことが知られており，隣接塩基排除原理 (nearest neighbor exclusion principle) と呼ばれている．

　インターカレータが DNA 二重らせんにインターカレートすることによって，インターカレータおよび DNA 二重らせんに変化が見られる．この変化によって，それらの相互作用や相互作用様式を解析することができる．まず，インターカレータに注目すると，これらは DNA 二重らせんの核酸塩基対の大きさと同じ平面を有する多環系芳香族化合物で塩基対間に平行挿入することのできる分子が一般的である．インターカレータは一般にカチオン荷電を有しており，これは水溶性の向上とポリアニオンの直線状高分子である DNA との結合を促進する．インターカレータの吸収スペクトルは，DNA にインターカレートすることによって，その吸収極大において大きな淡色効果と若干のレッドシフトが観察される．これは，核酸塩基対とのスタッキングによるものである．円二色性 (CD) スペクトルにおいては，この色素部分が不斉な DNA にインターカレートして固定化されるので，その波長領域に負の誘起 CD が観察される．また，先に述べたように DNA が巻き戻されるので，直線状 DNA 二重らせんでは，流体的体積の増加に伴って粘度の増加が観察される．原子間力顕微鏡観察においても DNA の伸長が観察されている．

　一般にインターカレータの蛍光は，DNA 二重らせん結合によって蛍光消光するものがほとんどであるが，その中に蛍光増強を示すものがある．先に述べた EtBr はその典型例である．その他，アクリジン，アクリジンオレンジ等が知られている．しかし，キナクリンのように GC 塩基対間で蛍光消光し，AT 塩基対間では蛍光増大するものも知られている．一般にインターカレータにおいて環の極性が高いものは GC 選択的に結合が起こり，逆に低いものは AT 選択的結合が起こることが知られている．

　インターカレータの DNA に対する結合能は，1 次元の直線状高分子に小

分子が複数個結合するラングミュア (Langmuir) 型吸着等温曲線によって解析できる．しかし，特に先に述べた一つのインターカレータが結合することによって，結合部位があっても物理的に結合できなくなることがある．これを加味した条件確率法によって改変型の Schatchard の式が J. D. McGhee と P. H. von Hipple によって導き出された．これは，飽和度 v（塩基対当り濃度の DNA に結合したインターカレータの割合）と飽和度を c（フリーのインターカレータ濃度）で割った下記の式であり，これを利用して結合定数や座位数（インターカレータが結合した際に占める塩基対の数）の評価が行われている [3]．特に興味深いのは，一般的な Scatchard の式では負の傾きの直線となるが，DNA に対するインターカレータの結合においては，協同性がなくても曲線が下に凸で曲がることである．

$$\frac{v}{c} = K(1 - nv)\left(\frac{1 - nv}{1 - (n-1)v}\right)^{n-1}$$

また，彼らは条件確率法を発展させ，結合に伴う正や負の協同性の場合の式も提案している．

さて，この二重らせん DNA の両末端が連結した環状 DNA は，プラスミドのような大腸菌などの細菌や酵母の細胞質内に存在する染色体外 DNA 分子として知られているが，細胞質内では DNA らせんのねじれは 10 塩基で一巻きよりも少なくなっている．これによって環状 DNA の緩みを生じ，これを解消するために高次のねじれが生じている．これは負の超らせんと呼ばれている．この負の超らせん密度はプラスミドの長さに依存している．これにより二重らせんがほどけやすい状態になっており，遺伝子の発現や複製に関与するタンパク質が結合しやすくなっている．プラスミド DNA にインターカレータである EtBr を添加していくと，負の超らせんが巻き戻され，完全に超らせんが緩和された開環型となり，さらに加えると正の超らせんが誘起される．超らせんの密度が高いほど縮こまった構造となるので，超らせんの違いはゲル電気泳動で区別される．

原核生物，たとえば，大腸菌の染色体 DNA も環状構造を取っているが，その長さは 460 万塩基対なので 1.6 mm である．この長らせん構造の末端は

固定されていると考えられるので，遺伝子の 転写 や複製の際に超らせんを生ずる．これを解消するために，生物はトポイソメラーゼ様の酵素を有する．ヒトを含む真核生物では，末端のある直線状二本鎖DNAとして存在しているが，遺伝子の複製や発現において，同様に局所的に超らせん構造を生ずる．また，先に述べたようにDNAは高次に折り畳まれ，スーパーソレノイドを形成することによって超らせんが部分的に変化しているものと考えられる．インターカレータの結合は，超らせん構造を解析するための手法も提供している．

2.1.5 染色体末端テロメアDNA

テロメア (telomere) に関しては，井出らの書籍に詳しく説明されている[4]．DNAは核内では，ヒストンタンパク質と結合し，高次に折り畳まれ，スーパーソレノイドで存在することは先に述べたが，非ヒストンタンパク質と相互作用した特殊な染色体構造の存在が知られている（図2.4）．この一つに，染色体末端に存在しているテロメアがある．

ヒトの場合は，TTAGGGの特徴的な6塩基の繰り返し配列（テロメア反復配列）で数キロ塩基(kb)にわたっている．ヒト精子のテロメアの長さは，15 kb，すなわちn = 約2500であり，体細胞では数kb短いと言われている．ヒトの全DNA配列は30億bp×二倍体なので，平均染色体長は1億塩基ぐらいである．そのうち20 kbが両端のテロメア反復配列とすると，全染色体の0.02%が遺伝子に関連しない塩基配列となる．テロメア反復配列は3′-末端が100～200 bp突出している．この一本鎖構造が染色体の安定性を保つのに必須で，この部分が切断されて二本鎖DNAになると，新たなテロメア構造が再生するか，他の染色体末端と融合し，転座を生じたり環状染色体が形成されたりする．この一本鎖部分が二本鎖部分に入り込む（Dループ，図2.4），テロメア結合タンパクhTRF2がそこに結合して裏打ちし，hTRF1が二本鎖部分に結合して Tループ となる．Tループを形成するのに不十分な長さまでテロメアが短縮したり，TRF2の機能が喪失したりするとTループの開列をもたらす．これによってアポトーシスが誘導される．

末端のあるDNAの複製にはDNAポリメラーゼが，DNA合成開始には

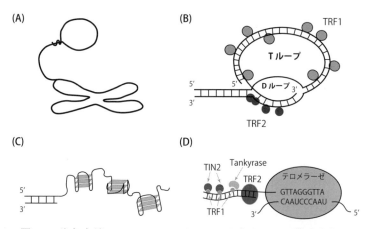

図 2.4 染色末端テロメア DNA は (A) のようなループ構造を保っていると言われている．詳細は (B) のようになっており，この構造を安定化するためにタンパク質が関与している．最近の研究から，細胞内においても (C) のように 4 本鎖の繰り返し構造を形成している可能性も示唆されている．テロメラーゼが作用する際は (D) のようになっていると考えられている．

RNA プライマーが必要であることから，その部分が合成されないために短くなる可能性がある．実際は 3′-突出末端をもつので ラギング鎖 は元どおりの長さまで複製されるが，リーディング鎖 の 3′ 末端およびリーディング鎖の鋳型となった親鎖の 5′-末端が 3′-突出部分だけ短くなる（リーディング鎖問題）．このように DNA 複製のたびにテロメアが短縮され，細胞の老化をきたし，最終的には寿命がくる．しかし，子孫に遺伝情報を伝えるために生殖細胞では無限に DNA 複製ができないといけない．テロメア DNA を伸長させる酵素として知られているテロメラーゼは生殖細胞には必要で，分化 した通常の細胞ではその活性は失われていないといけないのである．テロメラーゼは，内在する RNA(hTR) を鋳型としてテロメア反復配列 DNA を合成する逆転写酵素であり，生体内では 1 MDa 以上の巨大な複合体タンパク質として存在している．

　がん細胞などの無限増殖する細胞では，テロメラーゼ活性が観察されている．したがって，テロメラーゼ活性を調べることによって，がん診断が可能となる．2000 例を超えるヒト臨床がん検体でのテロメラーゼ活性が報告さ

れており，その約85%で検出されている．現在も世界中でテロメラーゼ活性とがんとの関わりについて研究されており，テロメラーゼはがんマーカーとして利用できることは間違いないであろう．

2.1.6 ヒトテロメアDNA構造

真核生物のテロメア反復配列は，グアニン(G)の連続配列を含む類似配列よりなっている．ヒトテロメアDNA配列はTTAGGGの繰り返し配列を有する．(TTAGGG)$_4$で一つのユニットとして分子内で折り畳まれ，Gが四つ集まってG-カルテット平面を形成し，これが三つ重なって4本鎖構造を形成する．分子内で三つのG-カルテットが折り畳まれて4本鎖構造を形成するが，この合成オリゴヌクレオチドのNMRやX線構造解析などによって，折り畳まれ方の様式が明らかになってきた．

また，塩の種類や濃度によって構造が異なることも明らかとなってきている．カリウムイオンが二つのG-カルテットの中心に配位して，4本鎖構造が安定化されることが知られている．折り畳み方によって，バスケット型，チェア型，パラレル型，ハイブリッド型が知られている（図2.5）[5]．細胞内ではハイブリッド型が主な構成成分と考えられている．このような4本鎖構造は，テロメアDNAのみでなく遺伝子の プロモーター 領域にも存在することが知られている．

最近注目されているのは，がん遺伝子 c-myc [6]，c-kit のプロモーター領域のDNA配列[7]や，細胞の増殖や分化に関連しているWntシグナルタンパク質をコードしている遺伝子のプロモーター領域のDNA配列[8]である．これらの領域のDNA配列は4本鎖構造形成が可能で，その形成によって遺伝子制御が行われている．これ以外にもDNA上に頻繁に潜在的な4本鎖形成能配列が数多く見いだされており，4本鎖DNA構造形成は一般的な遺伝子制御の一つの方法であるかもしれない．

2.1.7 生細胞中で4本鎖DNAが存在する

英国ケンブリッジ大学のS. Balasubramanianらは，抗グアニン4本鎖抗体を作成し，これを用いて核染色を行った（図2.6）[9]．これによって全染色

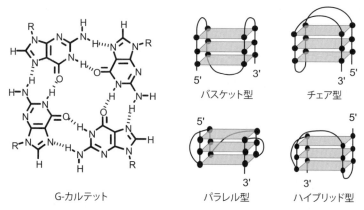

図 2.5 G-カルテット構造と分子内での折り畳まれ方によるバスケット型，チェア型，パラレル型，またはハイブリッド型 4 本鎖 DNA の構造．

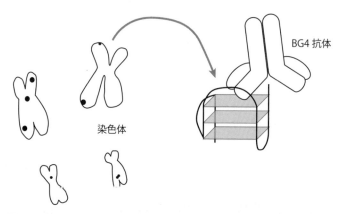

図 2.6 抗グアニン 4 本鎖抗体 (BG4) による生細胞中の 4 本鎖領域の存在の証明 [9]．

体の 58% の染色体で，一箇所以上の蛍光の輝点が観察されている．そのうち，テロメア領域で見られた輝点は 25% であった．このことは二つの事実を示している．すなわち，生細胞内のテロメア領域で 4 本鎖構造を形成していることと，4 本鎖 DNA は主にテロメア領域以外の場所で存在していること，である．さらに彼らは，4 本鎖 DNA に結合するリガンド pyridostatin

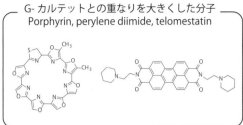

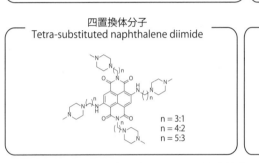
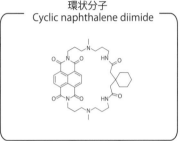

図 2.7　4 本鎖結合リガンドの結合様式による四つのカテゴリー

(PDS) を細胞に加えることによって 4 本鎖 DNA 量の増加を観察した．このことは，潜在的に 4 本鎖を形成する染色体領域が，まだ存在していることを示唆している．

　国立台湾大学の T. C. Chang らは，4 本鎖 DNA 特異的蛍光試薬 3,6-bis(1-methyl-4-vinylpyridinium) carbazole diiodide（BMVC, 図 2.7）を開発し，これを利用して，肺がん由来細胞に導入された G リッチオリゴヌクレオチドが，細胞内で 4 本鎖 DNA を形成していることを証明している [10]．さらに彼らは，BMVC を用いて細胞内のミトコンドリアに 4 本鎖 DNA 構造が存在していることを証明した [11]．G. F. Salogado らは，4 本鎖 DNA を導入したアフリカツメガエル卵母細胞の NMR スペクトル法を用いて，4 本鎖 DNA が細胞内で存在することを示した．また，2,6-N,N′-(methyl-quinolinio-3-yl)-pyridine dicarboxamide (360A) を細胞内に加えることによって，4 本鎖 DNA に結合した 360A も NMR によってモニタリングすることに成功している [12]．

これらの研究からも，生細胞中で4本鎖DNAは，テロメア領域よりも遺伝子を制御するプロモーター領域などに存在しており，4本鎖構造形成が遺伝子制御の重要な機構を提供している可能性が示されつつある．

2.1.8　4本鎖DNA結合分子

がん細胞で発現しているテロメラーゼは，ヒトテロメア反復配列に作用して伸長させる．これによって，がん細胞の無限増殖が実現されている．細胞内ではテロメア領域で4本鎖構造が形成されることが知られているが，（4本鎖構造のない）平衡状態にあってはじめてテロメラーゼは作用できる．先に，4本鎖DNA結合試薬の添加が4本鎖構造の検出を実現するとしたが，これが4本鎖構造を誘起させているのかもしれない．これを積極的に行わすことができれば，すなわち，4本鎖DNA結合試薬で4本鎖部分を強く安定化できれば，テロメラーゼのアクセスを阻害できると考えられる[13]．これによって，がん細胞はアポトーシスへと導かれる．したがって，4本鎖DNA安定化試薬は，新しい抗がん剤として期待される．

ここで重要なのは，二本鎖DNAへの結合は副作用の原因と考えられるので，二本鎖DNAに結合せずに4本鎖DNAのみに結合する選択的試薬の設計である．これまでに種々の観点から，4本鎖DNA特異的試薬の開発が行われている．ヒトテロメアの場合，三つのG-カルテットが存在するが，一般にこれら試薬はG-カルテットの間には入らず，上下にスタッキング相互作用で結合するのが一般的である．これまでに報告されている4本鎖結合リガンドは，主に以下の四つのカテゴリーに分類される（図2.7）．

4本鎖DNAは，図2.5に示したようにG-カルテットが連なることによって形成されている．したがって，4本鎖特異的分子は，二本鎖DNAの場合の塩基対より広い平面領域であるので，重なりが最大になるような広い環系の分子が4本鎖特異的リガンドとして期待される．この観点から開発された4本鎖特異的分子は，ポリフィリン誘導体，ピペリジンジミド誘導体であるPIPER，または，テロメスタチン等である．

G-カルテットを細かく見てみると，四つのGが水素結合で集まっているが，それらは平面でなく少しねじれている．二本鎖DNAの塩基対で見られ

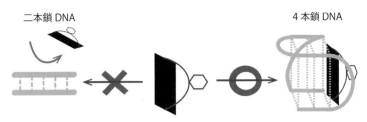

図 **2.8** 環状ナフタレンジイミド誘導体による 4 本鎖 DNA 特異的結合の戦略 [14].

るプロペラツイストである．芳香環部を単結合でつなぐことによってプロペラツイストに合わせてスタッキングできるように設計されたリガンド分子がある．構造的には溝結合分子のような弓形分子である．これらの分子として PDC 360A や Phen-DC3 に加え，PDS や Chang らの BMVC が挙げられる．4 本鎖 DNA 構造は四つのリン酸バックボーンがある．すなわち，四つの溝が存在することになる．四つの置換基を有する芳香環分子は，G-カルテット部分とスタッキング相互作用を行い，四つの置換基が四つの溝に突き出すように位置する．これがアンカーとして働くことによって複合体を安定化する．

これ以外にも，ナフタレンジイミド二つを連結させて，G-カルテットの上下にスタッキングするように設計された分子や，4 本鎖構造の溝に結合する分子についても報告があるが，これらの分子は，二本鎖 DNA にも結合する．したがって，副作用の低い抗がん剤開発のためには高い 4 本鎖選択性を有する分子の開発が要求されている．これを実現したのが環状ナフタレンジイミド誘導体である（図 2.8）[14]．この分子は，ナフタレンジイミド環の一方のみが G-カルテットとスタッキングする平面が残されており，反対の面は置換基で覆われている．したがって，この分子は 4 本鎖の G-カルテットにはスタッキング結合は可能であるが，二本鎖 DNA へのインターカレーションはできない．これによって 4 本鎖特異的リガンドが実現されている．

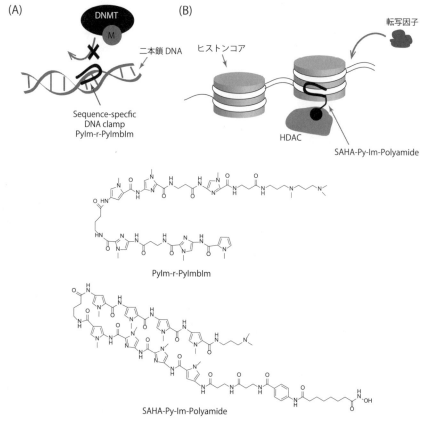

図 2.9 Dervan ら (A) と杉山ら (B) による人工分子を用いたゲノムレベルでの遺伝子制御の例 [15, 16].

2.1.9 小分子によるゲノムレベルでの遺伝子制御

ゲノムレベルでの遺伝子制御の可能性を，二つのグループが報告している（図 2.9）．

一つは Caltech の P. B. Dervan らのグループである [15]．彼らは，副溝への溝結合試薬であるポリピロール誘導体を精密に分子設計することにより，5′-CGCG-3′ に選択的に結合するピロール–イミダゾール ポリイミド誘導体 PyImPyIm-γ-PyrImβIm を見いだした．この試薬によって，5′-CGCG-3′ 部

位へのメチルトランスフェラーゼの阻害を実現している．このような戦略によって CpG メチル化の配列特異的拮抗薬の開発が期待されている．

　もう一つは，京都大学の杉山グループによる研究である [16]．彼らもピロール-イミダゾール ポリイミド誘導体に，ヒストン脱アセチル化酵素 (HDAC) 阻害薬として知られるスベロイルアニリドヒドロキサム酸 (suberoylanilide hydroxamic acid) を連結した分子を合成した．一つの誘導体において，ヒト皮膚繊維芽細胞に存在するサイレント遺伝子の転写活性のスイッチを発動できることを明らかにしている．これは，人工小分子による エピジェネティックスイッチ の発動であり，興味深い．また，杉山グループは，テロメア DNA に結合できるピロール-イミダゾール ポリイミド誘導体の合成に成功し，組織切片のテロメア DNA 長の検出法を実現した [17]．この手法によって，腫瘍マーカー陽性細胞ではテロメア DNA 長の短縮が起こっていることが示されている．

2.1.10　核酸化学の展望

　DNA は，核内で高次に折り畳まれたスーパーソレノイド構造によって染色体を形成している．細胞は，染色体上に存在する特定の位置の遺伝子を特定の時間内で発現させたり止めたりしている．これには，DNA や染色体構造を形成するために必要なタンパク質のメチル化，アセチル化やその逆の脱メチル化，脱アセチル化等が関与している．これによって，ユークロマチンやヘテロクロマチンに代表されるように，染色体の微細構造の変化が起こっている．

　DNA 結合性分子は，DNA 上の緩みや凝集状態を可視化できる試薬にとどまらず，これらを制御することによって遺伝子の発現制御を可能にできる薬となりうるかもしれない．また，細胞内の 4 本鎖はテロメア DNA から議論されてきたが，4 本鎖構造形成が遺伝子制御の一般的な機構となっているのかも知れない．特にテロメラーゼに関連する遺伝子制御機構の理解は，近い将来，副作用のない抗がん剤を生み出す可能性を秘めている．

2.2 蛍光顕微鏡を用いた生細胞内1分子可視化解析法

2.2.1 はじめに

　細胞はタンパク質，核酸，脂質をはじめとする多様な分子から構成される，分子ナノシステムの集合体である．細胞の生命活動は，これら分子の集合/解離が，特定の場所でダイナミックに動作することで実現している．したがって，生命機能の分子機構を理解するためには，生化学的手法から得られる知見に加え，生細胞内分子の局在や動態を解析する必要がある．

　生細胞内分子の動態・局在観察に用いられる代表的な手法の一つが蛍光顕微鏡法である．蛍光顕微鏡の原型は1911年から1913年にかけてHeimstaedtおよびLehmannにより開発された．1981年には柳田らにより，DNAが特定の生体高分子として初めて蛍光顕微鏡で可視化された[17]．さらに，W. E. Moernerらによる1分子蛍光検出の実現や[18]，対物レンズ形全反射照明法（後述）の開発[19]，生細胞内1分子緑色蛍光タンパク質(GFP)の可視化[20]などを経て，今や細胞内1分子動態の可視化解析や，1分子イメージング(single molecule imaging)をもとにした超分解能蛍光顕微鏡法が実現している．これらの手法を用いることで，細胞内に形成される生体分子ナノ複合体の構造や動態を可視化定量解析することが可能となり，さまざまな生命活動の原理が理解できると期待される[21]．

　しかし，これまで生細胞内で生じる現象の解明に1分子イメージングを用いた例は必ずしも多くなかった．その最大の理由は，蛍光1分子イメージングを行うためには，他の蛍光顕微鏡法とは異なる特有の技術的要素が必要とされることにある．本節では，培養細胞をサンプルとした1分子蛍光顕微鏡観察の重要な技術要素である励起光照明方法および蛍光プローブの実際を概観した上で，著者（吉村・小澤）らによる生細胞内RNA1分子イメージングの研究例[22]を紹介する．

2.2.2 細胞内1分子イメージングの特徴

　広く普及している落射型蛍光顕微鏡や共焦点蛍光顕微鏡によるバイオイ

2.2 蛍光顕微鏡を用いた生細胞内1分子可視化解析法　　33

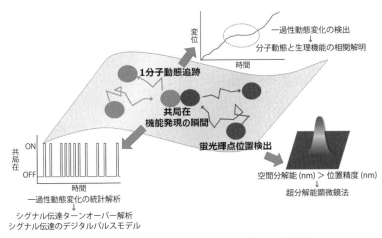

図 2.10　生細胞蛍光1分子イメージングの特徴

メージングと比較して，1分子イメージングは非常にユニークな観察手法であり，求められる細胞サンプルの状態や得られる情報が大きく異なる（図2.10）．従来の蛍光顕微鏡法と比較して根本的に異なる点は，1分子イメージングでは平均化されていない個々の分子の動態を可視化するという点である．従来の顕微鏡法でも，生細胞をサンプルとして目的分子の生細胞内動態を可視化解析することは可能である．ただし，その際，可視化している対象は，目的分子の分子集団の動態である．その集団内における個々の分子の動態については，そのままでは解析できない．

　たとえば，細胞質に局在するある分子が，細胞への外部刺激の入力により細胞膜に局在変化する現象を考える．この細胞膜移行現象は，共焦点蛍光顕微鏡などを用いた観察を通じて，目的分子の細胞質内と細胞膜上における存在比や細胞膜移行の時間変化などを解析できる．しかし細胞膜移行した個々の分子が安定に細胞膜上にいるのか，あるいは早いターンオーバーで細胞膜と細胞質を往復する平衡状態にあるのか，はたまた，細胞膜上で静止しているのか，拡散運動を示しているのか，あるいは動いたり止まったりしているのか，などの個々の分子の動態情報は，共焦点蛍光顕微鏡で得られた画像では解析できない．一方，1分子イメージングでは，細胞集団全体の動態を長時間解析することは容易ではないが，個々の分子運動を直接可視化すること

で，その運動状態を定量的に解析することが可能である．

　前述の細胞膜移行する分子の例だと，その分子の細胞膜上の滞在時間を計測することで，細胞膜と細胞質のターンオーバーを評価できる．また，細胞膜上での拡散運動を直接可視化解析することができる．すなわち，個々の分子運動の拡散係数のみならず，拡散運動中に示す一過性の動態変化を捉えることが可能になる．シグナル伝達の上流・下流のタンパク質が複合体を形成する場合，まさにそこでシグナルの受け渡しが起こっていると考えられる．その複合体の形成/解離のターンオーバーは，シグナル伝達ダイナミクスの特徴（ゆらぎの大小，シグナル増幅量，選択性の高低）を解明するための重要な情報を含んでいる．

　従来の顕微鏡法でも 共局在解析 や 蛍光共鳴エネルギー移動 (FRET) などを利用することで複合体形成を捉えることは可能であるが，個々の複合体の安定性や結合/解離速度の解析は困難である．1分子イメージングでは個々の分子の共局在頻度や継続時間を測定し，統計解析することで，生細胞内における分子複合体個々の寿命や結合/解離速度定数を求めることが可能となる．

　もう一つ，従来の蛍光顕微鏡法と1分子イメージングとでは，蛍光標識した目的分子の理想的な発現量が大きく異なる．1分子イメージングでは従来の手法と比較して，目的分子の発現量を低く抑える必要がある．従来の蛍光顕微鏡法では，シグナル/ノイズ比を向上させるためには，目的分子の発現量は蛍光シグナルが飽和しない程度でより高いことが望ましい．一方，1分子イメージングでは，個々の蛍光輝点の偶然の重なり合いが頻繁に生じると輝点追跡や共局在の統計解析が困難になるため，目的分子の発現量は1細胞当り数十分子程度と低く抑えることが望ましい．

　この1分子イメージングの特徴は，目的分子の過剰発現によるアーティファクトを抑えるためにも大きな利点がある．特に集合体・複合体を形成するような分子では，過剰発現は集合体形成・解離の平衡を乱し，その複合体が関与する生命現象に影響を与えうる要素となる．すなわち，1分子イメージングは過剰発現によるアーティファクトを生み出しにくい観察手法であると言える．

一方，1分子イメージングに特有の問題点も存在する．最大の問題点は，長時間観察が困難なことである．1分子蛍光を可視化検出するためには，従来の蛍光顕微鏡観察と比較して強い励起光を照射する必要がある．その結果，蛍光分子の退色は非常に速くなる．GFPをプローブとしたリアルタイム1分子蛍光イメージングでは，その観察系にもよるが多くの場合，平均数秒で退色する．時間分解能（フレームレート）を下げることで，観察時間を多少延長することは可能であるが，時間分解能を落としてしまうと，拡散運動のため，そもそも1分子輝点が捉えられなくなる．テトラメチルローダミンなどの光安定性の高い有機蛍光色素を用いることで，GFPよりも数倍の長時間観察が可能となるが，それでも平均10秒を超える観察は容易ではない．

量子ドットを用いれば，数分にわたる1分子追跡も可能となるが，量子ドットと目的分子が1対1で結合しているとは限らない．特に量子ドットが複数の目的分子をクロスリンクしてしまう場合は，観察される動態が本来の目的分子の1分子動態とかけ離れたものになる可能性もある．量子ドットを用いた1分子追跡研究例は増えつつあるが，それが本当に目的分子1分子の観察をしているのか注意が必要である．

また最近，脱酸素環境や酸化・還元剤などを用いて，蛍光分子の光退色を防ぐ方法が試みられている．この手法により，開放系と比較して数倍以上の光安定性を実現したという例もあるが，一般的な手法として確立するには，さらなる知見の蓄積が求められている．

2.2.3 顕微鏡装置

細胞内1分子イメージング法では，1蛍光分子から放出される微弱な蛍光を効率良く検出器に導入しつつ，背景光を可能な限り抑制することが重要である．そこで，励起光の照射方法には従来の蛍光顕微鏡法とは異なる工夫が必要である（図2.11）．

細胞内1分子イメージングで主に用いられる顕微鏡法は全反射蛍光顕微鏡（total internal reflection fluorescence microscope；TIRF顕微鏡）法である．TIRF顕微鏡で用いられる全反射照明法はプリズム型と対物レンズ型に大き

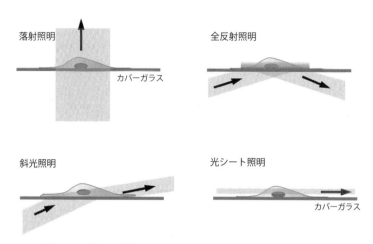

図 2.11 蛍光顕微鏡における励起光のさまざまな照明方法

く分けられるが，現在主に用いられているのは対物レンズ形全反射照明法 [19] である．この手法では，励起光を対物レンズの辺縁部に入射させる．すると，励起光は対物レンズから斜めに出射し，カバーガラスとサンプルとの境界面上で全反射する．この全反射に伴い，カバーガラス上に生じる近接場光 (evanescent light) を用いてサンプルに励起光を照射する．近接場光の深さは，カバーガラスとサンプルの界面から深さおよそ 150 nm 程度であり，サンプル細胞の細胞膜近辺のみを照明する．一方，細胞内の蛍光分子や培地成分の大部分に励起光は届かないため，細胞膜近辺の目的分子を非常に低い背景光で観察することが可能である．

一方で，TIRF 顕微鏡法では励起光がカバーガラス近傍にとどまるので，細胞内部の分子を観察することができない．細胞内部の分子を観察する際には，励起光の入射角を全反射照明より小さくした斜光照明 (oblique illumination) が用いられる．さらに斜光照明において励起光の厚みを薄くすることで背景光を抑える手法（薄層斜光照明法；HILO : highly inclined and laminated optical sheet microscopy）が報告されている [23]．

また近年，サンプルの側面からシート上に成形した励起光を照射する光シート顕微鏡法も注目を集めている [24]．光シート顕微鏡法の主な用途は生

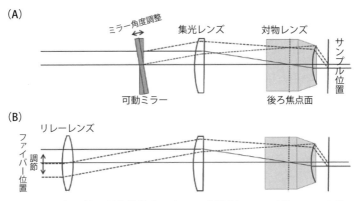

図 2.12 全反射照明を構築するための光路図. (A) 可動ミラーを使用した場合. (B) ファイバーを用いて励起光を導入する場合.

物個体や組織内の断層像を撮ることであるが，培養細胞サンプルにも用いられ，1分子イメージングが実現している [25]．光シート照明を用いると，細胞深部について，背景光の少ない像を取得することが可能である．一方で，サンプルの側面から励起光を照射するため，他の方法と同様の対物レンズからの励起光照射ではなく，特有の励起光路を構築する必要がある．

TIRF顕微鏡を構築するに当たって最も重要なのは励起光学系の設計である．励起光を光軸から動かして対物レンズの辺縁部に入射し，かつ全反射照明を構成するように励起光の位置と角度を微調整できる光学系を作成する必要がある．また，対物レンズから出射される光は平行光である必要がある．

この光学系の設計と調整は，一般に集光レンズとミラーとの組合せにより行うことが多い．まず，対物レンズの後ろ焦点面に励起光を集光するような凸レンズを設置する（図 2.12 (A)）．そして，その凸レンズと共役な位置に可動ミラーを配置する．レーザーから出射された励起光は，可動ミラーを介して集光レンズに導入される．可動ミラーは集光レンズと共役の位置にあるため，可動ミラーの角度を変化させても，集光レンズから先の励起光は光軸に対して平衡を保つ．すなわち，光軸と平行な光を対物レンズの辺縁部に入射することが可能となる．また，対物レンズの後ろ焦点面に集光させることで，対物レンズから出射する光は平行光となる．可動ミラーを操作して，よ

り対物レンズの辺縁部に励起光を入射すると，よりエバネッセント場の浅い全反射照明が得られる．逆に励起光の入射位置を対物レンズの辺縁からやや中心よりにすると，薄層斜光照明を構築することができる．

また，可動ミラーではなくファイバーを用いて励起光を導入する場合，対物レンズの後ろ焦点面に平行光を集光するような凸レンズ（集光レンズ）を，集光レンズと共役な位置にリレーレンズ（凸レンズ）を，リレーレンズの焦点位置にファイバー端面を配置する（図2.12(B)）．ファイバー端面位置をリレーレンズの焦点面内で移動させることで，励起光は集光レンズと対物レンズの間で光軸と平行に進み，対物レンズの後ろ焦点面に集光させつつ，対物レンズの辺縁部に入射させることが可能となる．これらのような励起光学系の設計により，全反射照明や斜行照明を構築できる．

2.2.4 目的分子の生細胞内蛍光標識法と蛍光プローブ

1分子イメージングを行うに当たって，用いる蛍光色素の選定は非常に重要な要素である．輝度の低い蛍光色素では，1分子蛍光はノイズに埋もれて検出が困難になる．また輝度が大きくても光安定性が低く退色しやすい色素は，観察時間がごく短時間に限られてしまうため，現実的な選択肢とは言えない．

2008年のノーベル化学賞を受賞した下村脩博士らによりオワンクラゲ(*Aequorea victoria*)から発見された蛍光タンパク質(fluorescent protein)と，その後発展した遺伝子工学的手法によって，目的分子（この場合，特にタンパク質）に蛍光タンパク質を融合した分子を生細胞内に発現させることが可能となった．現在はGFPとその変異体（EGFPなど）に加え，黄色蛍光タンパク質(YFP，Venus)や赤色蛍光タンパク質(RFP，mCherry[26])なども細胞内1分子蛍光イメージングに用いられる．異なる波長の蛍光タンパク質を用い，適切な光学フィルターを選ぶことで，複数種類の目的分子の同時1分子イメージングを行うことが可能となる．さらに蛍光波長の離れた遠赤色蛍光タンパク質が近年，試験管内分子進化法で複数種類開発されている[27]．遠赤色から近赤外領域光については，現在主に使われている検出器においては可視光領域と比較して感度が低いという問題があるが，これら問

題を克服した上で，1分子イメージングへの応用が期待される．

また，2分割蛍光タンパク質 (split fluorescent protein) の再構成法を用いることで，二量体や集合体を形成した目的タンパク質のみを選択的に可視化することが可能である [22b]．蛍光タンパク質を2分割すると，発色団形成が行われず，蛍光性を示さない．しかし，その2分割断片が近接すると全長の蛍光タンパク質と同様の性質を回復し，発色団が形成されて蛍光性を示すようになる [22b]．そこで目的分子に2分割断片を融合させておくことで，二量体や複合体形成を検出することが可能となる．この2分割断片の再構成は GFP や YFP をはじめ，1分子イメージングに適用可能な蛍光タンパク質の多くで実現している [28]．

蛍光タンパク色素を用いる以外にも，有機蛍光色素を用いて目的分子に蛍光標識を施すことが可能である．蛍光タンパク質と比較して，輝度や光安定性が高い有機色素が開発されており，1分子蛍光イメージングでは大きな威力を発揮する．細胞内1分子イメージングで用いられる有機蛍光色素の代表例としては，赤色蛍光色素であるテトラメチルローダミンや Cy3，遠赤色蛍光色素である ATTO647N [29]，AlexaFluor647 [30] などが挙げられる．

ただし，従来の蛍光イメージングによく用いられる有機蛍光色素でも，1分子イメージングに不適用なものもある．代表的な蛍光色素であるフルオレセインは，退色までに放出する蛍光フォトン数が平均 3.7×10^4 程度と報告されており，GFP（$1.2 \sim 1.8 \times 10^5$ フォトン）と比べても大幅に少ない [31]．実際に，フルオレセインは明瞭な1分子輝点像が得にくいため，リアルタイム蛍光1分子観察には不適である．

有機蛍光色素を細胞内分子イメージングに用いる際は，目的分子を色素で標識する方法が非常に重要となる．目的タンパク質が細胞外に露出している場合は，蛍光色素を修飾した抗体や Fab (fragment antigen binding: 抗体をパパイン処理 して得られる，抗原認識部位断片）を用いて標識できる．生細胞内部のタンパク質を目的としている場合は，SNAP タグ や Halo タグ などのタグタンパク質と目的タンパク質を融合したものを細胞内に発現させて標識する手法が主に用いられている．ただし，すべての有機色素が細胞膜を透過するわけではなく，使用できる色素の種類に制限が生じる．

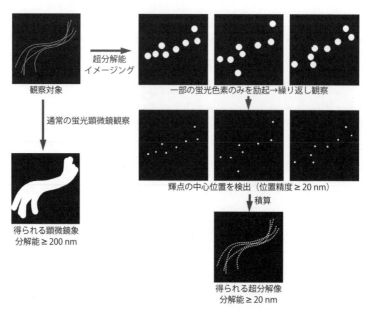

図 2.13　1 分子蛍光イメージングをベースとした超分解能蛍光顕微鏡法の原理

PALM (Photo-activated localization microscopy) や STORM (Stochastic optical reconstruction microscopy) などの超分解能蛍光顕微鏡法 (superresolution fluorescence microscopy) は，サンプル内に存在する蛍光分子を明滅させ，各フレームで検出された蛍光輝点の位置決定を行った上で，その輝点位置を積算し，そのことによって光学限界を超える解像度の像を構築する手法である（図 2.13）[32]．したがって，これら超分解能蛍光顕微鏡法では，効率的に蛍光の ON / OFF 制御が可能な蛍光標識が必要となる．1 分子観察をベースとする超分解能蛍光顕微鏡法では，Dronpa や EosFP およびその改良版である mEos2, mEos3 などのフォトスイッチング，あるいはフォトコンバーチブルな蛍光タンパク質が蛍光プローブとして用いられる．また最近は，ブリンキングによる蛍光の明滅を利用した手法（GSDIM など）による超分解能観察の報告が増えている．この手法では，YFP や ATTO647N, AlexaFluor647 などがよく用いられる．

最近，構造変化の平衡により蛍光 ON / OFF 変化をとる有機蛍光分子も報

告されている [33]．この蛍光色素，SiR-carboxyl はテトラメチルローダミンと類似の骨格を有しているが，10 位の酸素原子がケイ素に置換されている．この蛍光色素は，蛍光性を示すカルボキシル型と蛍光性を有しないスピロ環型との平衡状態にある．すなわち 1 分子ごとの観察により，平衡反応による蛍光輝点の明滅が観察される．この色素を用いて，染色体 DNA のヒストン構造を形成するタンパク質 H2B の生細胞内超分解能観察がなされている [33]．

2.2.5　1 分子イメージングによる生細胞内 RNA 動態観察

　著者らによる生細胞内 RNA の 1 分子イメージング研究を紹介する [22a]．RNA とタンパク質との融合分子は遺伝子工学的に構築することができないため，目的 RNA 配列を特異的に認識し，その RNA に選択的に結合するタンパク質ベースのプローブを細胞内に発現させる必要がある．RNA 蛍光プローブに求められる特徴としては，①容易に生細胞内へ導入できる，②目的 RNA と選択的に結合し標識できる，③背景光に埋もれることなく標識した RNA を検出できる，の三つの条件が挙げられる．生細胞への容易な導入を実現するためには，タンパク質からなるプローブであることが都合がよい．タンパク質ベースのプローブであれば，そのタンパク質のアミノ酸配列をコードする遺伝子を リポフェクション などの確立した技術で導入することで，多くの細胞に対して同時に低い細胞毒性で導入することが可能である．

　タンパク質ベースのプローブで目的 RNA を選択的に標識するには，RNA 結合タンパク質ドメインを利用して，プローブと目的 RNA とを高い親和性で結合させる必要がある．RNA プローブに最もよく利用される RNA 結合タンパク質ドメインの一つとして，MS2 結合タンパク質 (MS2 binding protein : MBP) がある．MBP は MS2 配列と呼ばれるステム－ループ構造を RNA 領域に対して選択的かつ高親和性をもって結合するタンパク質ドメインである．そこで，目的 RNA と MS2 配列の融合 RNA と蛍光タンパク質と MBP の融合タンパク質を発現させることで，目的 RNA を選択的に蛍光標識することが可能である．

　ただし，MBP を用いた標識法では，観察対象となるものは目的 RNA と

MS2を融合させた人工RNAとなる．また，これまでの研究例では，シグナル強度を高めるため目的RNA一つに対して24回以上のMS2リピートを融合し，多数のプローブ（MBP-蛍光タンパク質融合タンパク質）が集積するような設計となっている．このような設計では細胞が本来有している内在性の目的RNAと比較して発現量や機能，動態などに大きな相違が生じる可能性が否定できず，注意が必要である．

他に注目されているRNA結合タンパク質ドメインとしては，遺伝子 翻訳 調節を担うタンパク質PUMILIO1のRNA結合ドメイン，Pumilio homology domain (PUM-HD) がある．2002年にHallらによって報告されたPUM-HDの結晶構造によると，PUM-HDは八つの繰り返しモチーフからなる．各モチーフ中にはRNA塩基を認識する三つのアミノ酸が存在しており，そのアミノ酸残基とRNA塩基が水素結合やファンデルワールス相互作用を形成することで，各モチーフが一つのRNA塩基を選択的に認識する．その結果，PUM-HDは特定の8塩基RNA配列 (5'-UGUAUAUA-3') を選択的に認識する．

PUM-HDをRNAプローブとして利用するに当たって望ましい特徴として，前述のRNA認識に携わるアミノ酸3残基に部位特異的置換を施すことで，各モチーフに野生型とは異なるRNA塩基を認識させられるような改変を加えられることである[34]．すなわち，目的RNA中に存在する特定の8塩基RNA配列を選択的に認識するようなPUM-HD変異体をテーラーメイドにデザインできるため，高い汎用性をもつRNAプローブを作成することが可能となる．野生型PUM-HDの認識RNA配列を見てわかるとおり，PUM-HDにはシトシン塩基を認識するモチーフは存在しない．しかし，RNAと相互作用を形成する3アミノ酸にランダム変異を導入してスクリーニングすることで，シトシンと選択的に結合するモチーフも開発されている[35]．したがってPUM-HDを用いれば，細胞が本来有している内在性RNAを標識することが可能となる．

ただし，認識RNA配列の特徴によって，PUM-HD変異体と認識RNAとの親和性には違いが生じることが報告されている．特にRNA5'側の3塩基が野生型の認識配列と同様のUGUであることは，高い親和性を保つために

2.2 蛍光顕微鏡を用いた生細胞内1分子可視化解析法

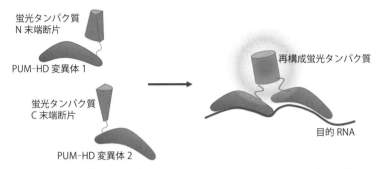

図 2.14 生細胞内1分子 RNA 可視化プローブによる RNA 検出原理

重要である [34]．5′ 側の3塩基が UGU である8塩基 RNA 配列を認識する PUM-HD 変異体は，その認識配列との解離定数が nM～サブ nM オーダーであるのに対し，5′ 側の3塩基が UGU でない場合は数十 nM～数百 nM オーダーの解離定数となることが報告されている．

　RNA の選択的標識能に加えて，1分子蛍光イメージングに用いる RNA プローブに求められる条件は，目的 RNA の可視化検出能である．目的 RNA に結合していない余剰のプローブの存在量をより少なく抑え，さらに余剰のプローブがシグナルを発しないようにする工夫が求められる．すなわち，RNA に結合して初めて蛍光性を示すようなプローブデザインが必要である．この性質を実現するために，前述の2分割蛍光タンパク質再構成法 (split fluorescent protein reconstitution) が有効である [22b], [27]．2分割タンパク質再構成法とは，本来の機能を失った二つのタンパク質断片が互いに近接するとタンパク構造の再構成が生じ，そのタンパク質の機能が回復するというものである．RNA プローブが目的 RNA に結合することで蛍光タンパク質断片が近接し，蛍光性を示すようにプローブを設計すれば，余剰プローブからの蛍光シグナルを抑制することができる（図 2.14）．さらに細胞内のプローブの発現量を調節し，適切な顕微鏡法で観察することで，生細胞内 RNA の1分子観察が実現する．

　著者らは，PUM-HD 変異体と2分割蛍光タンパク質再構成法を利用した RNA 可視化プローブを構築し，生細胞内 RNA の蛍光1分子イメージング

を行っている．この著者らによる RNA プローブの設計と生細胞内 RNA イメージングについて最後に紹介しよう．

目的 RNA 内の異なる二箇所を認識する PUM-HD 変異体 2 種類を構築し，2 分割した蛍光タンパク質の N 末端側・C 末端側断片をそれぞれ融合させた．この二つのプローブ分子が目的 RNA に結合すると，2 分割蛍光タンパク質断片が互いに近接して再構成することで蛍光が回復し，目的 RNA の可視化検出が可能となる．このプローブデザインでは，8 塩基 RNA を認識する PUM-HD 変異体を 2 分子用いて 1 分子の RNA を認識するため，識別可能な塩基配列パターン数は 4^{16}（約 4.3×10^9）通りとなる．すなわち理論上，目的 RNA を検出するために十分な選択性を有する．また，一つの目的 RNA に 2 分子のプローブが同時に結合しないと蛍光性が表れないため，余剰プローブの存在や，目的 RNA 以外の RNA に対する非特異結合によるノイズは低く抑えられる．

開発したプローブを用いて，生細胞内 RNA1 分子イメージングを試みた．ターゲットは，動態についてすでに報告がある β アクチン mRNA を選択した．マウス由来 β アクチン mRNA 中の配列を認識する PUM-HD 変異体を 2 種類作成し，それぞれに 2 分割 GFP 断片を融合し，プローブとした．このプローブを NIH3T3 細胞内で発現させ，488 nm レーザーを備えた全反射蛍光顕微鏡を用いて観察を行った．β アクチン mRNA は細胞質に局在しているため，励起光は斜光照明で照射し，EM-CCD カメラで 30 フレーム / 秒の時間分解能で蛍光検出を行った．その結果，細胞質内で拡散運動を示す蛍光輝点が観察された．

これらの蛍光輝点は 1 段階消光を示し，また輝度分布は単一ガウス分布で近似できることから，1 分子再構成 GFP からなる輝点であることが確かめられた．またこれらの輝点は，化学固定した細胞内で染色された β アクチン mRNA と，空間的に局在が一致した．以上の結果から，生細胞で観察されたプローブ由来の蛍光輝点は，β アクチン mRNA を正しく標識していることがわかった．

続いて著者らは，構築したプローブが，β アクチン mRNA が示す本来の動態を可視化できるか検討した．プローブを発現させた細胞を飢餓状態に

置き，外部刺激に対する応答性を高めた上で，血清刺激前後に1分子蛍光観察を行った．その結果，血清刺激後では，プローブ蛍光輝点の増加と細胞辺縁部への局在が観察された．さらに，微小管を赤色蛍光タンパク質(RFP)で標識してプローブとの同時観察を行った結果，微小管上を直線移動するβアクチンmRNAが見られた．その移動速度は平均1.78 μm/sであり，微小管上を移動するモータータンパク質の速度に近い値であることがわかった．これらβアクチンmRNAの動態は，モータータンパク質によって刺激依存的に細胞辺縁部へと輸送されるという知見と一致する．以上の結果から，PUM-HDと2分割蛍光タンパク質を利用して構築したプローブを用いて，生細胞内RNAの1分子動態の可視化解析に成功した．

2.2.6 生細胞内における1分子可視化研究のまとめと展望

最近の細胞内1分子蛍光イメージングの概要と，RNA1分子可視化の研究例を紹介した．1分子イメージングを用いれば，さまざまな生命現象が生体分子のダイナミックな運動や，サブマイクロメートル領域での集合・解離によって実現しているありのままの現象が，まさに目で見たように捉えられる．著者らによるRNA1分子可視化研究においても，微小管上をモータータンパク質によって輸送されるRNAの1分子動態の可視化に成功した．生きた細胞内1分子イメージングや超分解能顕微鏡法の普及により，今後，ナノオーダーの分子科学をベースにした生命現象の理解や制御の研究が大きく発展すると期待される．

第3章 クロマチン動態

遺伝子発現の新常識

> 要約
>
> 本章では，真核細胞中におけるDNAとタンパク質の複合体であるクロマチンに焦点を当て，その基本構造や解析のための応用技術を取り上げる．遺伝子発現の制御に関わるエピジェネティクスをキーワードに，3.1節ではクロマチンの構造基盤を，3.2節ではその動態制御を，3.3節ではその化学修飾と制御機構を，3.4節ではその役割と解析技術を，それぞれ解説する．

3.1 ゲノムDNAを収納するクロマチンの構造基盤

3.1.1 クロマチン

生物にとって，遺伝情報を含むDNAは極めて重要な物質である．DNAの発見はおよそ150年前になされた．ドイツの生理学者Hoppe-Seylerの門下生であるJ. F. Miescherが，膿に含まれる白血球細胞からリン含量の豊富な物質として分離し，1871年にヌクレインと命名して論文を発表した[1]．

ヒトにおいては，30億塩基対のゲノムDNAが存在し，ヒモ状の繊維が長さにして2mにも及ぶ．一方で，ゲノムDNAは，ヒトを形成する総計数十兆個にも及ぶすべての細胞の，直径わずか10 μm程度の細胞核の中に収納される（図3.1）．このようなゲノムDNAの細胞核内への高密度収納は，核内のタンパク質群との複合体である「クロマチン」を形成することで成し遂げられる．クロマチン (chromatin；染色質) の発見は1880年までさかのぼり，弱塩基性化合物であるアニリンと呼ばれる色素によって強く染色される物質としてW. Flemmingによって見いだされ，命名された[2]．

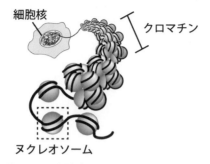

図 3.1　細胞核内へのゲノム DNA の収納

　さらに，光学顕微鏡による解析によって，凝集度の高い ヘテロクロマチン (heterochromatin) と，凝集度の低いユークロマチン (euchromatin) の 2 種類のクロマチンの形態が存在することが明らかになった．これまでに，ヘテロクロマチン領域において転写が抑制される一方，ユークロマチン領域では転写が活発に行われることが示されている．さらに，細胞核内で行われる遺伝情報のコピー（複製），読み取り（転写），維持（組換えおよび修復）などのさまざまな DNA 反応が，クロマチンの形態と密接に関与することが示唆されている．

　このような，クロマチンの形態によってなされるゲノム DNA の機能制御が，DNA 配列に依存しない遺伝現象"エピジェネティクス (epigenetics)"の本体であると考えられている（エピジェネティクスとその機構を支えるクロマチンの化学修飾については 3.3 節を参照）．しかし，クロマチンの発見から 130 年以上もの歳月を経たにもかかわらず，その構造と機能制御の実態にはいまだ不明な点が多く，現在も活発な議論がなされている．本節では，クロマチンの基盤構造の研究の歴史を織り交ぜつつ，最新のエピジェネティクス研究について紹介したい．

3.1.2　ヌクレオソーム

　クロマチンの基盤構造の研究は，その発見から数十年後に開始された．クロマチンを構成するヒストンの発見はクロマチンと同様に古く，ガチョウの赤血球から DNA の負電荷を中和する塩基性タンパク質として 1884 年

に Miescher と同じく Hoppe-Seyler の門下生である A. Kossel によって同定された．その後，ヒストンは単一のタンパク質ではなく，H2A，H2B，H3，H4 と呼ばれる 4 種類のタンパク質によって構成されることが，複数の研究グループによる解析によって明らかにされた [3,4]．

1972 年に J. F. Pardon と M. H. F. Wilkins がクロマチンの構造解析を X 線散乱法によって行い，DNA にヒストンが均一に結合したスーパーコイル様の構造を形成するというモデルを提唱した [5]．しかし，このモデルは，G. Felsenfeld や L. A. Burgoyne らのグループによる生化学的な解析結果とは一致しなかった．そこで，クロマチンは DNA とヒストンを含む複合体をユニットとして，それらがヒストンにコートされていない DNA で一定間隔で連結されているというモデルが新たに提案された [6,7]．そして，Olins 夫妻による電子顕微鏡を用いた解析により，クロマチンはニューボディー (ν body) と命名されたビーズ状粒子が数珠状につながった，"Beads on a strings" 構造を形成することが 1974 年に発表された [8]．さらに，翌年には P. Chambon らのグループも同様の解析を行い，電子顕微鏡によって観測されたビーズ状粒子（ニューボディーと同じと思われる）をヌクレオソーム (nucleosome) と命名した（図 3.1）[9]．一方で，R. D. Kornberg らは生化学的な解析によって，H3-H4 のヘテロ四量体一つと H2A-H2B のヘテロ二量体二つからなるヒストン八量体と，200 塩基対程度の DNA によって構成される複合体が連結してクロマチンを形成するモデルを提唱した [10,11]．

その後，クロマチンの基本単位となるヌクレオソームの X 線結晶構造解析が行われ，1984 年に 7 Å の分解能での初期構造が A. Klug らのグループによって報告された [12]．そして，1997 年に Klug 研究室の出身者である T. J. Richmond らのグループが，2.8 Å の分解能でヌクレオソームの立体構造を明らかにした [13]．X 線結晶構造解析により，ヌクレオソームはヒストン八量体に 146 塩基対程度の DNA が左巻きに 1.65 回巻きついた，直径およそ 11 nm，高さおよそ 6 nm の円盤状の構造体であることが明らかになった（図 3.2）．

現在までに，ヒト (*Homo sapiens*)・マウス (*Mus musculus*)・アフリカツメガエル (*Xenopus laevis*)・ニワトリ (*Galus galus*)・ショウジョウバエ

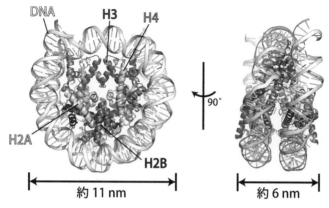

図 3.2　ヌクレオソームの構造 (PDB code: 3AFA)

(*Drosophila melanogaster*)・出芽酵母 (*Saccharomyces cerevisiae*) 由来のヒストンを含むヌクレオソームの結晶構造解析がなされ，ヌクレオソーム構造が真核生物で高度に保存されていることが明らかになった．興味深いことに，核構造をもたない原核生物にもヒストン様タンパク質が同定されたことから，ゲノム DNA の高次の折り畳みは生物種を超えて保存された極めて重要な機構であることがうかがえる [14]．

3.1.3　エピジェネティクス

　エピジェネティクスとは，1942 年にイギリスの発生学者である C. H. Waddington によって後成説 (epigenesis) と遺伝学 (genetics) を混成して命名された概念である．ヒトは 200 種類に及ぶ細胞によって構成されているが，それらは単一の受精卵から派生したものであるがゆえ，それぞれの細胞に含まれるゲノム DNA の配列はすべて同じである．つまり，受精卵細胞一つから複雑な 分化 が起こる際，脳や心臓などのさまざまな臓器が正しく形成されるために，適切なタイミングで特定の遺伝子が発現するように制御を受けている．さらに，細胞の表現型や遺伝子発現の制御は，細胞分裂を経ても継承される．

　これまでの報告により，特異的な遺伝子発現の制御にはクロマチン結合因子群のほか，ヒストンの バリアント (variant)，ヒストンの 翻訳後修飾

(post-translational modification),およびDNAのメチル化などのクロマチン本体を形成する要因が密接に関与することが示唆されている．これらのエピジェネティクスの制御に関与する要因の異常は，DNA配列の変異を伴わない発がんや生活習慣病などの疾病を引き起こす原因となることが報告されており，近年の創薬のターゲットとしてエピジェネティクスが非常に高い注目を受けている．

3.1.4 DNAのメチル化

DNAのメチル化は，原核生物から真核生物にいたるまで，種を超えて保存されている現象である．特に，ヒトにおいてはCpGダイヌクレオチドのシトシン塩基の5位がメチル化される．このシトシン残基のメチル化は，DNAが遺伝情報であることが明らかにされる前の1925年に，すでに化学的に生じることが報告され，そしてやがてDNAのメチル化がエピジェネティクス制御に関わる重要な要因であることが提唱された [15,16]．

哺乳類においては，非メチル化DNAを新規にメチル化するために，DNAメチル基転移酵素 (*de novo* DNA methyltransferase) DNMT3aおよびDNMT3bが必須であることが報告されている．一方で，メチル化DNAの複製後に生じるヘミメチル化DNA（片側のDNA鎖のみがメチル化されているヘテロな状態）のメチル化には，維持型メチル化酵素 (maintenance DNA methyltransferase) であるDNMT1が働く（図3.3）．上記の酵素によって遺伝子のプロモーター (promoter) 領域がメチル化されると，E2Fやc-MycなどのDNA配列特異性を有する転写因子 (transcription factor) の結合が阻害され，転写が抑制される．また，メチル化DNAを特異的に認識し結合するMBD (Methyl-CpG binding domain) を有するタンパク質群が，転写抑制に関わるヒストン修飾酵素群とともに集積し，転写を抑制する．

このように，プロモーター領域のDNAのメチル化が，クロマチンの修飾を介して転写抑制に関わることが報告されている一方で，転写が活性化している遺伝子領域でもDNAのメチル化が存在していることが明らかになっている [17]．さらに，試験管内で再構成したヌクレオソームを用いて著者（越阪部・胡桃坂）らが生化学および構造生物学的解析を行った結果，DNAの

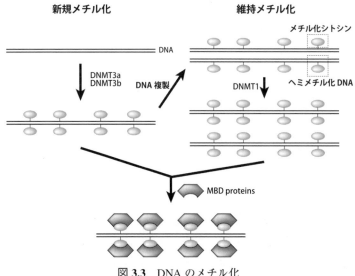

図 3.3 DNA のメチル化

メチル化によってヌクレオソームに巻きつく末端の DNA の運動性が変化することが明らかになった [18]. このように, DNA のメチル化反応機構やヌクレオソーム構造への影響が明らかになりつつある. 一方, DNA の脱メチル化機構についてはいまだ不明な点が多く, さまざまなモデルが現在も提唱されている.

3.1.5 ヒストンの翻訳後修飾

ヌクレオソームを構成するヒストンには, 4種類のヒストンに共通するヒストンフォールドドメインと, N 末端および C 末端のフレキシブルなテール領域が存在する (図 3.4). これまでの報告により, ヒストンはアシル化 (アセチル化やクロトニル化など), メチル化, リン酸化, ユビキチン (ubiquitin) 化などのさまざまな 翻訳後修飾 を受けることが知られている. テール領域が修飾酵素によって翻訳後修飾を受けることで, 特異的な修飾を認識するさまざまなタンパク質群がクロマチンへ集積する [19,20]. 一方で, ヌクレオソームのコア構造を形成するヒストンフォールドドメインにおける翻訳後修飾は, ヌクレオソームの構造や安定性の変換を誘起することが示唆

3.1 ゲノム DNA を収納するクロマチンの構造基盤 53

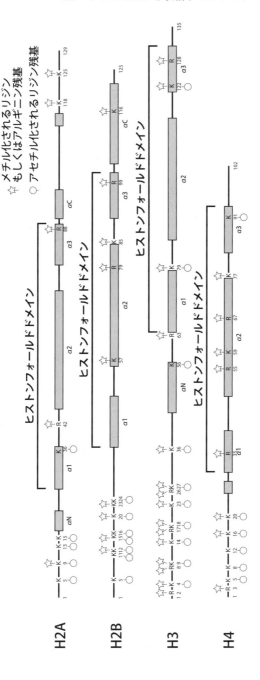

図 3.4 ヒストンの翻訳後修飾．メチル化およびアセチル化される アミノ酸残基を示す．長方形は α ヘリックスに相当する．

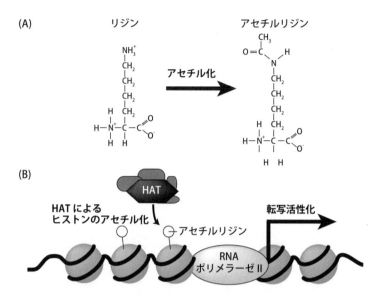

図 3.5 ヒストンのアセチル化. (A) リジンおよびアセチルリジン. (B) ヒストンのアセチル化による転写制御.

されている [21]. そして, ヒストンのテール領域もしくはヒストンフォールドドメインの翻訳後修飾によるクロマチン構造の変換を介して, ゲノム DNA での遺伝子発現調節が行われていることが示されている. このような, ヒストンの翻訳後修飾による遺伝子発現制御機構の重要性について, B. D. Strahl と C. D. Allis は 2000 年に "ヒストンコード仮説" を提唱した [22]. 本項では, 転写の調節に関与することが示されているヒストンのアセチル化とメチル化について紹介する (3.3 節も参照).

ヒストンのリジン残基のアセチル化は, 初期に報告されたヒストンの化学修飾である. アセチル化によって正に帯電したリジン残基の電荷が中和されることから, ヒストンテール (histone tail) と DNA との静電的な相互作用が弱まると考えられる. 実際に, アセチル化修飾を受けたヒストンは, 転写の活性化に関与することが報告されている [23]. テトラヒメナを用いた生化学的解析により, 転写活性化に関与する複合体からヒストンアセチル基転移酵素 (HAT : Histone acetyltransferase) が初めて同定された [24]. HAT は, アセ

チル CoA を補因子としてヒストンのリジン残基のアミノ基 (-NH$_2$) を，アセチル化によってアミド基 (-NHCOCH$_3$) に変換する（図 3.5）．アセチル化修飾を受けたリジン残基は，ブロモドメイン (Bromodomain) を有するタンパク質群によって特異的に認識され，転写活性化に関わるさまざまなタンパク質複合体のクロマチンへの集積を促すことが示されている．一方で，ヒストン脱アセチル化酵素 (HDAC) はリジン残基のアセチル化部位を加水分解によって除去する酵素であり，HAT が同定された 1996 年に，ヒト由来の細胞株を用いた実験で HDAC1 が同定された．このタンパク質は，分裂酵母の転写抑制因子 Rpd3p と 相同性 (homology) を有することから，HDAC タンパク質は転写抑制に関わることが予想された [25]．その後の解析により，HDAC はさまざまな転写抑制因子群に含まれることが報告されており，ヒストンの脱アセチル化が転写の抑制に機能することが示された．

　ヒストンタンパク質のリジン残基およびアルギニン残基は，メチル化修飾を受けることが知られており，リジン残基には最大三つのメチル基が付加されることが示されている．ヒストンのメチル化はアセチル化と同様に古くから確認されている翻訳後修飾であったが，初めてヒストンメチル基転移酵素 (HMT : Histone methyltransferase) が同定されたのは 2000 年であった．ショウジョウバエの転写抑制に関わる位置効果 (PEV : position effect variegation) を抑圧する因子として T. Jenuwein らが Su(var)3-9 を単離・同定した [26]．この酵素によってメチル化修飾を受けたヒストンが，凝集度の高いヘテロクロマチン領域に局在することが報告され，ヒストンのメチル化が転写の不活性化に関与することが示唆された（図 3.6）．その後，ヘテロクロマチンのマークとして報告されているヒストン H3 の 9 番目のメチル化リジン残基を認識して，クロモドメイン (Chromodomain) を有するヘテロクロマチンタンパク質 HP1（分裂酵母の Swi6）が特異的に結合し，ヒストンの修飾がクロマチンの高次構造の変換に関わることが明らかにされた [27]．

　このように，ヒストンのメチル化が転写の不活性化に関与することが報告されている一方で，H3 の 4 番目および 36 番目のリジン残基は転写活性化領域でメチル化修飾を受けることも報告されている．このことから，部位特異的にメチル化修飾を受けたリジン残基を認識するタンパク質複合体によっ

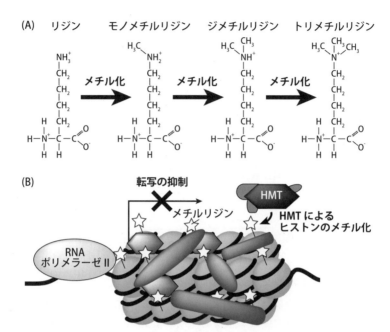

図 3.6 ヒストンのメチル化. (A) リジンおよびメチルリジン.
(B) ヒストンのメチル化による転写抑制.

て，転写の活性・不活性化の調節がなされていることが考えられる．また，脱アセチル化酵素と同様に脱メチル化酵素も存在し，2004 年にはアミン酸化酵素ファミリーである LSD1 について，そして 2006 年には脱メチル化活性を有する jmjC (jumonji C) ドメインを有する水酸化酵素ファミリータンパク質についての報告がなされた [28,29].

3.1.6 ヒストンバリアント

H4 を除くヒストンには，ノンアレリック (nonallelic) なバリアントが存在する．哺乳類において，H2A，H2B，H3 のバリアントが多数報告されており，これらが組織特異的に発現したり，特定のゲノム領域に局在することで，核内で起こるさまざまな機能発現の調節を行っていることが考えられる [30]．このような，ヒストンバリアントの局在によって構成される高次の

クロマチン構造が，遺伝子発現制御機構をエピジェネテックに制御するという"ヒストンバーコード仮説 (histone barcode hypothesis)"が，2006年にAllisらによって提唱された [31]．また，生物種特異的なヒストンバリアントも同定されていることから，特異的なヒストンバリアントの獲得は生物種の形成と維持と密接に関与することが示唆されている．主要なヒストンはDNA複製依存的に発現してクロマチンに取り込まれる．一方で，ヒストンバリアントはDNA複製非依存的に細胞核内に存在し，必要に応じてクロマチンに取り込まれることが示されている．これらの選択的なヒストンバリアントのクロマチン局在は，それぞれ異なるヒストンシャペロン (histone chaperone) と呼ばれるタンパク質群によって制御される．

H3のバリアントであるH3.3は酵母からヒトまで進化的に保存されており，恒常的に発現して転写活性領域のクロマチンに局在する．また，H2A.ZはH3.3と同様に，生物種を超えて保存されたヒストンH2Aバリアントである．細胞核に存在する全H2Aタンパク質のうち，H2A.Zはおよそ10%の存在比を占めている．H2A.Zは，遺伝子のプロモーター領域近傍に局在することが示されている．このことから，H2A.Zは転写調節に関わるヒストンバリアントであると考えられている [32]．また，H2A.B（別名H2A.Bbd）は哺乳類特異的なH2Aバリアントであり，主要型ヒストンであるH2Aとの相同性は50%程度と低く，進化的には最も離れたヒストンバリアントである．これまでに，H2A.Bは雌性染色体で観察される不活性型X染色体に局在しないこと，遺伝子発現が活発に行われているクロマチン領域に局在することなどが示されている．このことから，H2A.Bは遺伝子発現の活性化に関与することが示唆されている [33]．著者らが細胞生物学的解析を行った結果，ヒストンの交換が頻繁に行われるクロマチン領域にH2A.Bが優先的に取り込まれることが明らかになった．さらに，H2A.Bを含むヌクレオソームを試験管内で再構成して，X線小角散乱法よる溶液構造解析を行った結果，H2A.Bを含むヌクレオソームは主要型H2Aと比較して末端のDNAがヒストンから解離して開いたような特殊な構造を形成していることも明らかになった [34]．

このように，通常細胞の遺伝子発現の制御に関わるヒストンバリアント

の他に，組織特異的に発現するヒストンバリアントも存在する．ヒトにおいて，精巣特異的に発現することが報告されている H3T は，主要型ヒストンである H3.1 とわずか 4 アミノ酸のみが異なっているが，その機能は不明であった．著者らの生化学的解析および構造生物学的解析により，試験管内で再構成した H3T を含むヌクレオソームは非常に不安定であり，その不安定性に 111 番目のアミノ酸置換が重要であることを明らかにした [35]．ヒトにおいて，精原細胞から精子が形成される際に大規模なクロマチンの再編成が起こり，精子クロマチンに含まれるヒストン量が精母細胞に比べて数 % から 10% 程度にまで低下することが示されている [36]．この大規模なクロマチン再編成において，H3T を含む不安定な精巣特異的ヌクレオソームが重要な役割を果たしているのかもしれない．今後，上述した不安定性を示すヒストンバリアントの動態と精子形成におけるクロマチンの再編成機構の関連性が解明されれば，生殖関連分野に非常に重要な知見を与えることが期待される．

　また，DNA 複製を経て倍加したゲノム DNA は，分裂期に分裂期染色体を形成する．その際に，中心体から伸びた微小管は，セントロメア (centromere) と呼ばれる領域に形成されたキネトコア複合体に結合する．セントロメアには，主要型ヒストンである H3.1 と 50% 程度の相同性を有する CENP-A（CenH3 とも呼ばれる）が特異的に局在することが報告されている．セントロメア破壊の解析から，セントロメアクロマチンを規定する因子は，セントロメア領域の DNA 配列ではなく CENP-A タンパク質であることが示されている．このことは，CENP-A を含む特殊なヌクレオソーム構造が，セントロメアというゲノム DNA の機能領域をエピジェネティックに規定していることを意味している．著者らは CENP-A を含むヌクレオソームを試験管内で再構成し，生化学および構造生物学的解析を行った．その結果，CENP-A を含むヌクレオソームでは，DNA の末端領域の運動性が著しく高いことが明らかになった [37]．この CENP-A ヌクレオソームの構造的な特徴が，セントロメアタンパク質群やキネトコア複合体形成のマーカーとなると考えられる．以上のように，DNA のメチル化やヒストンの化学修飾と同様に，特定の領域へ局在するヒストンバリアントも重要なエピジ

ェネティックマーカーとして機能している．

3.1.7 エピジェネティクスと疾患

上述したように，DNAのメチル化，ヒストン修飾，およびヒストンバリアントは，ゲノムDNAの機能をエピジェネティックに制御する重要な因子である．DNAのメチル化やヒストンの翻訳後修飾における異常は，正常な転写制御の破綻を引き起こすため，がん，生活習慣病，精神神経疾患，アレルギー疾患などのさまざまな疾病と密接に関与する．

たとえば，免疫不全，顔面奇形，運動・精神障害などを伴うICF (immunodeficiency, centromeric instability, facial anomaly) 症候群では，DNAのメチル基転移酵素の一つであるDNMT3bの機能喪失変異が原因とされている [38]．DNMT3bの機能が失われることによって，セントロメア近傍の反復配列が低メチル化状態になり，結果として染色体の不安定性を誘起する．また，Rett症候群は主に女性に見られる脳神経特異的な疾患であり，運動障害やけいれんなどを特徴とする．この疾患は，メチル化DNA結合タンパク質であるMeCP2の変異が原因であり，この変異によってMeCP2の特異的な領域遺伝子への結合が失われることによって，その領域での遺伝子発現制御に異常をきたすことが原因であると考えられている [39]．しかし，MeCP2の異常が脳神経特異的な疾患を引き起こす機構は，いまだ明らかにされていない．

また，いくつかのがん細胞ではDNMTタンパク質の異常な発現上昇が確認されており，DNMTタンパク質の活性を阻害する薬剤の開発が進められている．ヒストンの翻訳後修飾の異常は多くのがん細胞で認められており，近年行われたがん患者の遺伝子変異の網羅的な解析により，がん患者におけるヒストン修飾酵素の異常も発見された．特に，HDACタンパク質について顕著な異常が見いだされており，HDACを標的としてさまざまな阻害剤が開発されている．その中でも，放線菌によって産生される抗カビ抗生物質として同定されたTSA (trichostatin A) は，初めてHDAC阻害活性が報告された化合物である [40]．現在開発されているHDAC阻害剤は，TSAの骨格構造を基本としたものが多く，そのうちのいくつかは実際に臨床試験に付さ

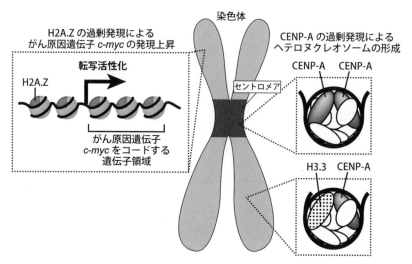

図 3.7 がん細胞で観察されるヒストンバリアントの発現・局在の異常

れている．

さらに，がん細胞においてヒストン遺伝子の変異やヒストンバリアントの発現異常が多数報告されている．たとえば，小児性神経膠芽腫患者の遺伝子解析から，ヒストンバリアント H3.3 に点変異が導入されていることが見いだされた [41]．また，がん原因遺伝子 c-myc の発現が，H2A.Z の高発現によって引き上げられること，ホジキンリンパ腫において H2A.B が高発現していることなどが報告されている [42-44]．さらに，CENP-A の過剰発現により，セントロメア以外のクロマチン領域で H3.3 と CENP-A を 1 分子ずつ含むヘテロなヌクレオソームが形成されることが，悪性度の高いがん細胞で観察された（図 3.7）[45]．このようなヒストンの変異やヒストンバリアントの発現異常と，それらに伴う細胞のがん化を引き起こすメカニズムを解明することで，抗がん剤開発に関して新たな視点を提供することが期待されている．

3.2 クロマチン構造変換複合体と核構造による クロマチン動態制御

3.2.1 はじめに

　前節でも触れたとおり，クロマチンの基本構造は，DNA とヒストン H2A，H2B, H3, H4 から構成されるヌクレオソームである．クロマチンの構造がさまざまなメカニズムによって変換されることで，転写・複製・修復などの制御が行われる．クロマチン構造変換には，ヌクレオソームに含まれるヒストン種の変化や，ヒストンの化学修飾が関与している．さらに，ATP 加水分解のエネルギーでクロマチン構造を変換させるクロマチンリモデリング複合体 (chromatin remodeling complex) や，細胞核 (cell nucleus)（以下では，「核」と略称）構造とクロマチンの相互作用も，エピジェネティック制御 に重要な役割を果たしている．本節では，クロマチンリモデリング複合体と核構造について，その分子構築やエピジェネティック制御における機能について概説する．これらの機能に重要な役割を果たし，進化的にも保存されているタンパク質として，アクチンファミリー (actin family) タンパク質を取り上げ，その特徴や機能についても述べる．

3.2.2 クロマチンリモデリング複合体とクロマチン機能

(1) 代表的なクロマチンリモデリング複合体

　クロマチンリモデリング複合体は，ATP 加水分解のエネルギーを利用して，クロマチン構造変換やヒストンバリアント (histone variant) 導入を行う複合体である．それぞれのクロマチンリモデリング複合体の オルソログ は，進化的に構成因子や機能が保存されているが，生物種によって異なる名前で呼ばれることがある．代表的なクロマチンリモデリング複合体オルソログの，出芽酵母とヒトにおける複合体名の対応は以下のとおりである．

　　出芽酵母 SWR1 複合体 / ヒト SRCAP 複合体
　　出芽酵母 INO80 複合体 / ヒト INO80 複合体

表 3.1　INO80 および SWR 複合体の構成因子

		INO80複合体	SWR複合体
酵素サブユニット		Ino80	Swr1
制御サブユニット	アクチンファミリー	actin Arp4 Arp5 Arp8	actin Arp4 Arp6
	その他	Ies1 Ies2 Ies3 Ies4 Ies5 Ies6 Nhp10 Rvb1 Rvb2 Taf14	Bdf1 Swc2 Swc3 Swc4 Swc5 Swc6 Rvb1 Rvb2 Yaf9

出芽酵母 SWI/SNF 複合体 / ヒト BAF 複合体
出芽酵母 RSC 複合体 / ヒト PBAF 複合体.

それぞれの複合体は，一つの ATP 加水分解酵素サブユニットタンパク質と，数個から十数個の制御サブユニットタンパク質によって構成されている（表 3.1）．前者は ATP の加水分解によってクロマチン構造変換に必要なエネルギーの取り出しに関与し，また制御サブユニットのそれぞれが，酵素サブユニットの活性制御，クロマチンへの結合，他のタンパク質との相互作用などの機能を担っている．

出芽酵母の INO80 複合体および SWR 複合体を例にとると，Ino80 および Swr1 を酵素サブユニットとして，その他に 14 種および 13 種の制御サブユニットが，それぞれの複合体に含まれている（表 3.1）．INO80 複合体および SWR 複合体は，転写制御に加えて，DNA 複製や，DNA 損傷修復などにも寄与することが報告されている [46]．SWR / SRCAP 複合体は，ヌクレオソーム中の H2A ヒストンを，バリアントである H2A.Z に置換する（ヌクレオソームへの H2A.Z 導入）活性を有する．一方，INO80 複合体は，クロマチン構造変換の活性に加えて，ヌクレオソーム中の H2A.Z を H2A に置換す

3.2 クロマチン構造変換複合体と核構造によるクロマチン動態制御　63

る（ヌクレオソームからの H2A.Z 排除）活性を有する．すなわち，H2A.Z のクロマチン導入においては，INO80 複合体と SWR1/SRCAP 複合体が拮抗した機能を有している．

(2) クロマチンリモデリング複合体に含まれるアクチンファミリー分子

多くのクロマチンリモデリング複合体に，アクチンファミリータンパク質が含まれている（表 3.2）．アクチンファミリーは，アクチン，およびアクチンと共通な祖先分子から進化したアクチン関連タンパク質（actin-related protein；以下，Arp と略称）によって構成されている．アクチンと Arp は，構造的に高い相同性を有する（図 3.8）．以前には，アクチンファミリーは，骨格筋アクチンや細胞質アクチンなどの アクチンアイソフォーム だけで構成されていると考えられていた．しかし，1990 年代以降のゲノムプロジェクトの進展に伴って，アクチンに 30〜70% 程度の配列相同性を有する一群のアクチン関連タンパク質の存在が次々に報告され，アクチンと Arp によって構成されるアクチンファミリーの構成が明らかになった（表 3.3）[47]．Arp はアクチンとの配列の相同性に基づいて Arp1 から Arp10 の 10 種のサブファミリーに分類されている．それぞれの Arp サブファミリーの構造や機能は進化的に保存されている．これらの Arp サブファミリーのうち，Arp4, 5, 6, 7, 8, 9 は核に集積して存在しており，これらは核内 Arp と呼ばれている [48]．核内 Arp の特徴も進化的に保存されていることは，核機能におけるこのファミリーの役割の重要性を示している．

先に述べた INO80 複合体と SWR1/SRCAP 複合体を例として，クロマチンリモデリング複合体に含まれるアクチンファミリーを比較すると，アクチンと Arp4 がこれらの複合体に共通に含まれている一方で，INO80 複合体には Arp5, Arp8 が，SWR1 複合体には Arp6 が特異的に含まれている（表 3.2）．

(3) クロマチンリモデリング複合体におけるアクチンファンミリーの機能

表 3.2 に示したように，アクチンと Arp4 が複数のクロマチンリモデリング複合体に共通に含まれている．アクチンと Arp4 は，*in vitro* でヘテロダ

表3.2 アクチンとアクチン関連タンパク質 (Arp) によって構成されるアクチンファミリー

	サブファミリー	細胞内局在	アクチンとの相同性(%)
アクチン	アクチン	細胞質＋核	100
アクチン関連タンパク質(Arp)	Arp1	細胞質	69
	Arp2	細胞質	69
	Arp3	細胞質	60
	Arp4	核	53
	Arp5	核	51
	Arp6	核	46
	Arp7	核	44
	Arp8	核	44
	Arp9	核	40
	Arp10	細胞質	38

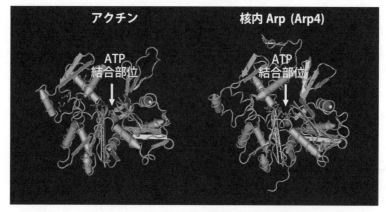

図3.8 アクチンと核内 Arp の構造類似性．Fenn ら [50] によって決定されたアクチン（左）と出芽酵母の核内 Arp である Arp4（右）の Protein Data Bank の構図情報を可視化して示した．矢印は ATP 結合部位を示している．

イマーを形成することが知られており，これらの複合体にはこのアクチン/Arp4 ヘテロダイマーが含まれていると考えられる．出芽酵母 Arp4 の生化学的解析および X 線構造解析により，アクチンと Arp4 の立体構造の類似性が示され，また Arp4 がアクチンと同様に ATP 結合能を有すること，また ATP 結合状態によりタンパク質間相互作用が変化することも示されている

表3.3 クロマチンリモデリング複合体に含まれるアクチンファミリー

生物種	クロマチンリモデリング複合体	酵素サブユニット	アクチンファミリーサブユニット
出芽酵母	INO80	Ino80	アクチン、Arp4, Arp5, Arp8
	SWR	Swr1	アクチン, Arp4, Arp6
	SWI/SNF	Snf2	Arp7, Arp9
	RSC	Sth1	Arp7, Arp9
ヒト	INO80	INO80	アクチン, Arp4, Arp5, Arp8
	SRCAP	SRCAP	アクチン, Arp4, Arp6
	p400	p400	アクチン, Arp4
	BAF (SWI/SNF)	BRM or Brg1	アクチン Arp4
	pBAF	Brg1	アクチン, Arp4

[49,50]．このことから，アクチン/Arp4 の ATP 結合状態により，これらのクロマチンリモデリングの機能制御が行われている可能性，すなわち Arp4 およびアクチンがクロマチン構造変換の分子スイッチとしている可能性が考えられている [49,51]．また，Arp4 はヒストンに結合活性も有することから [47,52]，Arp4 はクロマチンリモデリング複合体のクロマチンへの結合にも関与すると考えられる．

アクチン，Arp4 とは異なり，他の核内 Arp (Arp5, 6, 7, 8, 9) は，限られたクロマチンリモデリング複合体に含まれている．Arp6 は SWR1/SRCAP 複合体の機能に必須な構成因子であり [53]，SWC2 サブユニットとともに H2A.Z への結合に関与する．また，Arp5 と Arp8 は INO80 複合体に特異的な構成因子である．このうち Arp8 は，ヒストン結合活性および一本鎖 DNA 結合活性を有している．Arp8 のヒストン結合活性は，遺伝子発現制御を目的とした INO80 複合体のクロマチン結合に関与していると考えられる．また，損傷 DNA の修復に INO80 が必要であること，DNA 損傷が相同組換え修復される際には一本鎖 DNA がその領域に形成されることから，Arp8 の一本鎖 DNA 結合能は損傷 DNA 領域への INO80 複合体の結合に関与していると考えられる [54,55,56]．一方 Arp5 は，INO80 複合体のクロマチンへの結合には関与しないが，INO80 複合体の活性に必要である [56]．Arp5, Arp8 に関するこれらの結果は，アクチンファミリー分子のそれぞれがクロマチンリモデリング複合体中で異なった役割を果たしていることを示している．

3.2.3 細胞核とクロマチン機能

(1) 核とクロマチンの相互作用

核はクロマチン収納の単なる容器ではなく，クロマチンの特定領域が核膜や核骨格に結合した状態で核に収納されている．この核とクロマチンの相互作用により，核内でクロマチンの空間配置が決定され，また特定の核内空間に制御タンパク質とターゲットとなるクロマチンが集積される．クロマチン自体の構造に加え，このような核とクロマチンの相互作用もエピジェネティック制御に重要な役割を果たしている．核構造によるエピジェネティクス制御メカニズムの理解は遅れていたが，最近の細胞イメージング技術やクロマチン免疫沈降法などの手法の適応によって，エピジェネティック制御における核構造の重要性が明らかにされつつある．以下に，代表的な核構造について述べる．

(i) 核周辺部の構造

核膜は脂質膜を基本とした，核の外周を規定する構造体である．細胞膜とは異なり，核膜は外膜と内膜の二重の脂質膜によって構成されている．また多細胞生物では，核膜の内側にラミンを主要タンパク質とする核ラミナが存在し，核周辺部の構造の基盤を構成している．ラミンにはラミンAとラミンBの2種が存在し，重合したラミンは核膜内側に網目状構造を形成し，この構造にさらに多くのタンパク質が結合することで核ラミナ (nuclear lamina) が形成される．核内でクロマチンの特定領域が核ラミナと相互作用しており，この相互作用がクロマチンの核内空間配置の決定を介して，エピジェネティック制御に関与している．

ラミナ層を貫く筒状の高分子複合体である核膜孔複合体 (nuclear pore complex) は，核—細胞質間の物質輸送の機能に加えて，核構造の一部として直接クロマチンに結合して遺伝子発現や DNA 修復の制御に関わっている（後に詳述）．また，核膜には多くの核膜タンパク質が結合している．代表的な核膜タンパク質の一つとして，SUN (Sad1-UNC-84) ドメインタンパク質が挙げられる [57]．SUN ドメインタンパク質は核膜内膜を貫通してク

ロマチンに結合し，さらに核膜外膜を貫通した KASH (Klarsicht, ANC-1, and Syne homology) タンパク質と SUN タンパク質が結合している．さらに KASH タンパク質は細胞質側で，アクチンフィラメントやチューブリンフィラメントと結合している．このように核膜を貫通した SUN-KASH タンパク質複合体によって，細胞質の機械的な力が核・クロマチンにも作用しており，これが核内での染色体のダイナミクスや空間配置，さらにゲノム機能に影響を及ぼしている [57]．

(ii) 核骨格

核周辺部にラミナ層や核膜孔複合体などの特徴的な構造体が観察されるのに対し，核内部には顕微鏡下で明確な構造体は観察されない．しかし，核内にはクロマチンや核ドメインが高度な規則性をもって空間配置されており，さらに特定の遺伝子領域が方向性をもった移動をすることも観察されている．これらの現象は，核内に何らかの骨格構造が存在することを示唆しており，この核内構造は「核骨格 (nucleoskeleton)」と呼ばれている．核骨格は，細胞質で観察される安定な骨格構造 (cytoskeleton) とは異なり，より動的（ダイナミック）な分子集合体であると予想されている．界面活性剤などを用いて生化学的に核を処理した後に残る不溶性の成分である「核マトリックス (muclear matrix)」には核骨格の一部が含まれる可能性があるが，「核マトリックス」と「核骨格」に含まれるタンパク質群は必ずしも一致しない．nucleoskeleton（核骨格）は，核内の中間径フィラメント（ラミンを含む）やアクチンファミリーなどの構造タンパク質，またミオシンやキネシンなどのモータータンパク質ファミリーなどのタンパク質群による分子ネットワークによって構成されると考えられている [58]．

(2) 核構造とクロマチンの相互作用

(i) 染色体テリトリー

脊椎動物など，ゲノムサイズが大きい生物の細胞の核では，それぞれの染色体 DNA が核内で空間的に固有の領域を占めている [59]．このような個々

の染色体 DNA が占める領域を，染色体テリトリー (chromosome territory) と呼ぶ．遺伝子密度が高い染色体テリトリーは核内の中心領域に，反対に遺伝子密度が低い染色体テリトリーは核の周辺部に配置されており，染色体テリトリーの放射状配置と呼ばれる．しかし，このような染色体テリトリーの放射状配置は固定されたものではなく，たとえば，血清飢餓条件下の細胞などでは，染色体テリトリーの放射状配置に変化が観察され，また，がん細胞においても放射状配置の異常が観察される [60,61]．このような染色体テリトリー放射状配置の変化を，がん診断に適応する可能性も提案されている [61]．このような染色体テリトリーの核内空間は，クロマチンと核構造との何らかの相互作用によって成り立ち，環境対応や細胞機能維持に必要なエピジェネティック制御に関与していると考えられている．

(ii) 核ドメイン

核ドメイン (nuclear domain) はクロマチン間領域（染色体テリトリーが存在しない核内領域）に主に形成される．核ドメインには特定のゲノム機能に関連したタンパク質が集積し，またこれらのタンパク質のターゲットとなるクロマチン領域が染色体テリトリーからループ状に突出して集合している．

核小体は，核ドメインのうちで最も大きく，リボソーム RNA の転写およびリボソーム構築の場として重要であるばかりでなく，細胞のエネルギー環境やストレス対応にも重要な構造体である [62]．哺乳類の核小体には，複数の染色体テリトリーから突出した rRNA 遺伝子群が RNA ポリメラーゼ I などとともに集合している．核小体の構造は，細胞の増殖環境に対応した rRNA, tRNA の協調的な転写制御に寄与していると考えられている [59]．

その他にも，RNA プロセシングの場として機能する核スペックル，転写制御や DNA 修復に関与する PML ボティー，snRNP の生合成に関わる Cajal（カハール）ボティーなど，さまざまな核ドメインが存在する．核ドメインは，細胞質内の構造体であるゴルジ体やミトコンドリアとは異なり，膜構造を伴っていない．したがって，このような核ドメインはタンパク質や核酸のダイナミックな集合によって形成され，核骨格との相互作用によって核内部での空間配置が決定されると考えられている．

(3) 転写と核構造

ここでは，核構造とクロマチンとの相互作用によってもたらされる，転写に関連した核構造や機能について述べる．

(i) ヘテロクロマチン

ヘテロクロマチン (heterochromatin) は，染色体テリトリー内で特に遺伝子発現が強く抑制されているクロマチン領域であり，DNA の高メチル化や H3 ヒストン Lys9 の高メチル化などの特徴を有している．また，クロマチンに集積するタンパク質として HP1 (heterochromatin protein 1) が知られている．ヘテロクロマチンは核周辺部の核膜近傍に観察されることが多い．ヘテロクロマチンとラミナ層との相互作用が示されており，この相互作用がヘテロクロマチンの核内空間配置に寄与していると考えられている．

(ii) 核膜孔複合体とクロマチン

核膜孔複合体は核 - 細胞質間のタンパク質輸送を担う複合体であると同時に，核膜上の最も顕著な構造体の一つでもある．クロマチンとの相互作用を介して，核膜孔複合体はエピジェネティック制御に関与している．たとえば，出芽酵母で核膜孔複合体に結合するゲノム領域を，ChIP-chip 法によって網羅的に解析したところ，核膜孔複合体は発現量が多い遺伝子と結合しており [63]，またリボソームタンパク質遺伝子と核膜孔複合体との結合が，これらの遺伝子発現制御に関与していることが示されている [64]．また，ショウジョウバエやヒトにおいても核膜孔複合体が転写活性化に関与することが観察されている．

このような核膜孔複合体によるエピジェネティック制御のメカニズムとして，核膜孔複合体にヒストンアセチル化複合体転写制御因子などが結合して転写ドメインが形成されることや，核膜孔複合体を足場として形成される遺伝子のループ構造が転写制御に関与している可能性などが考えられている [65]．

(iii) 核ラミナとクロマチンの相互作用

核ラミナによるクロマチンの核内空間配置は，細胞の多能性維持や分化などの高次生命機能に関与すると考えられている．たとえば，クロマチンと核ラミナとの相互作用は 発生 の過程でダイナミックに変化すること，また多分化能をもつ ES 細胞にはラミン A が存在しないことなどが観察されている [58]．また，ラミノパシーと呼ばれる核ラミナタンパク質の変異によって引き起こされる疾病が知られている．ラミノパシーには，早老症として知られる HGPS (Hutchinson-Gilford progeria syndrome) や，筋ジストロフィーEDMD (Emery-Dreifuss muscular dystrophy) が含まれる．これら患者の細胞では核の形態異常も観察されており，核ラミナが高次生命機能発現に関わる転写制御に重要な役割を果たす可能性を示している [58]．

(4) DNA 損傷修復と核構造

通常環境下でも DNA は常に損傷を受けており，それが適切に修復されないと遺伝情報が正確に維持できず，また，細胞がん化が引き起こされる．DNA 二本鎖切断 (DNA double-strand break : DSB) は重篤な DNA 損傷であるが，出芽酵母のゲノム上の特定領域を GFP で可視化し，その近傍を HO エンドヌクレアーゼの発現誘導によって切断することで，DSB の核内配置を生細胞中で観察することができる．この実験系を用いることで DSB の核膜近傍への移動が観察され，さらに移動した DSB が核膜孔複合体や核膜の SUN ドメインタンパク質 Mps3 と結合することが示された [66]．このような DSB と核膜タンパク質との結合は，正確な DNA 修復のために必要である [67]．また，ヒトなどでも DSB 誘導に伴うクロマチン空間配置変化が観察されている [68]．

出芽酵母で DSB が核周辺部に移動して核膜孔複合体や Mps3 に結合するプロセスには，SWR および INO80 クロマチンリモデリング複合体が関与している [67]．すなわち，これらのクロマチンリモデリング複合体は，クロマチンの局所的な構造変換のみならず，クロマチンの空間配置にも重要な機能を果たしていることになる．DSB の核膜近傍への移動と核膜タンパク質との結合におけるクロマチンリモデリング複合体への関与の分子メカニズムに

ついては，まだ不明な点が多い．しかし，クロマチンリモデリング複合体によるクロマチン構造変化がDSB領域の核内での移動性を高めることや，複合体の構成因子と核膜タンパク質との相互作用が，この機構に関与する可能性が考えられている．たとえば，SWR複合体の構成因子であるArp6を特定のクロマチン領域に人為的に結合させると，このクロマチン領域が核膜孔複合体に結合して核膜近傍に配置されることが観察されている[64]．

(5) 細胞機能とアクチンファミリー

核の機能やクロマチンの核内空間配置などに関与する核骨格の分子構築や機構については，いまだ不明な点が多い．しかし，これまでにも述べたように，アクチンやArpなどのアクチンファミリーがこのような核機能に重要な役割を果たしている可能性が示唆されている．

卵母細胞や卵細胞の核にはアクチンが多量に含まれていることから，これらの細胞が核内アクチン (muclear actin) の機能解析に用いられている．ツメガエルの卵母細胞では，アクチンは核に含まれる総タンパク質の6%を占めている．卵母細胞の巨大な核（卵核胞）内に体細胞の核を移植すると遺伝子の リプログラミング (gene reprograming) が起こり，体細胞核が多能性を獲得する．この過程で，核内部でのアクチンフィラメント形成が起こるため，この核内アクチンフィラメントが遺伝子リプログラミングに必要であることが示されている[69]．

卵母細胞などと比較して体細胞の核内のアクチンの量は少ないが，細胞分化の過程や，血清刺激やDNA損傷などに伴って核内にアクチンフィラメントが形成される．これまでに，核内のアクチンフィラメントが，転写活性化，DNA修復，染色体テリトリーの核内配置などに関与することが報告されている[70,71]．さらに，Wnt/β-cateninシグナル (Wnt/β-catenin signal) のメディエーターであるβ-cateninのクロマチンへの結合に核内アクチンフィラメントが関与することも見いだされている[72]．これらの観察結果は，核内アクチンフィラメントが，転写や修復に関与する核骨格の形成に関与していることを示唆している．また，アクチンは核ラミナとも相互作用することから，核周辺部の構造や，ラミノパシーにも関与する可能性が考えられる[73]．

アクチンに加え，核内 Arp も，核構造形成やクロマチン空間配置に関与していることが示されている．たとえば，核局在性 Arp である Arp6 は，核小体の機能構造形成に必要である [74]．また，脊椎動物細胞では，遺伝子密度の高い染色体と低い染色体の間で，明確な核内空間配置の違いが観察されるが，*ARP6* 遺伝子破壊細胞では，この染色体テリトリーの核内空間配置が消失することが観察されている [75]．

3.2.4 クロマチン動態制御の今後の展望

クロマチンリモデリング複合体などによるクロマチン構造変化と，クロマチンと核構造との相互作用の分子機構解明が，転写や修復におけるエピジェネティック制御の理解に必須である．エピジェネティック制御因子としてのアクチンファミリーは，クロマチンリモデリング複合体機能と核構造形成の両方に重要な役割を果たしており，その詳細な解明が待たれる．

3.3 クロマチンの化学修飾とその制御機構

3.3.1 生物学を変える「エピジェネティクス」

ここまで見てきたように，近年，分子生物学の研究分野では，従来の生物学を変えてしまうような，「エピジェネティクス (epigenetics)」という学問分野が急速な発展を見せている．前節までの内容と多少重複するが，本節では，エピジェネティクスにおいて大変重要な役割を果たすクロマチンの化学修飾 (chemical modification of chromatin) とその制御機構について解説する．

生物の基本単位である細胞は，核酸，タンパク質，脂質，糖質といった生体高分子およびその複合体から形成されている．生物は遺伝情報を DNA（デオキシリボ核酸）に保存しており，DNA に保存された全遺伝情報（DNA の全塩基配列）をゲノムと呼ぶ．セントラルドグマ（生物学の中心教義）という分子生物学の基本原則となる概念では，遺伝情報は DNA から mRNA（リボ核酸）そしてタンパク質へと一方向的に伝達される（図 3.9）．伝達された DNA の情報は，細胞における機能や構造に変換され，生物個体は発生・成長し，その 恒常性 を維持している．このような観点から，従来の生

3.3 クロマチンの化学修飾とその制御機構　　73

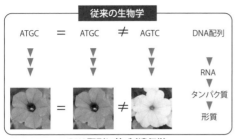
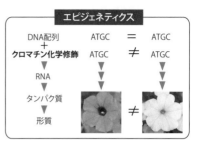

図 3.9　生物学を変えるエピジェネティクス．従来の生物学はセントラルドグマに基づき DNA 配列により形質が決定し，DNA 配列の変化により生じた形質変化のみが遺伝するとしている（メンデル型遺伝：DNA 配列に基づく遺伝学）．この従来の生物学の概念に対し，エピジェネティクスは同じ DNA 配列でも異なるエピジェネティック情報（クロマチン化学修飾など）により異なる形質を生み出す．さらにエピジェネティック情報が遺伝する可能性があり，エピジェネティック情報の変化により生じた形質変化も遺伝する可能性がある（非メンデル型遺伝：DNA 配列によらない遺伝学）．

物学はゲノムを生物の基本設計図として捉え，生物のもつ性質や特徴である形質は DNA 配列により決定し，DNA 配列の変化により生じた形質変化のみが遺伝するとしている（図 3.9）．この従来の生物学の概念に対し，エピジェネティクスは同じ DNA 配列から異なる形質を生み出し，さらに DNA 配列の変化を伴わない形質変化の遺伝も可能とする生物のもつ仕組み，およびそれを研究する学問分野であり，メンデルの法則・ダーウィンの進化論をも揺るがすような新しい概念をもたらす可能性を秘めている（図 3.9）．

3.3.2　クロマチンの化学修飾とヒストンコード

　エピジェネティクスの重要性を示す現象に細胞分化がある．我々のような多細胞生物は，受精卵などの全能性細胞から分化したさまざまな種類の細胞から構成されており，ヒトではその数が 200〜400 種・60 兆個にのぼる．これらさまざまな種類の細胞は，すべて同一のゲノムをもつにもかかわらず，異なる性質や機能を示す．その仕組みは次のようなものである．細胞が機能するためには，ゲノム中のすべての遺伝情報を用いるわけではなく一部の情報のみを用いている．そのため，細胞の種類ごとに読み取る情報が異な

り，同一のゲノムをもちながらも異なる性質や機能を示すのである．エピジェネティクスは，このようにゲノムの情報を管理・制御する仕組みであり，DNAを細胞核内に収納している構造体である「クロマチン」の化学的・構造的な修飾による制御が中心的な役割を果たしている．

　クロマチンは，DNAとヒストンおよび非ヒストンタンパク質からなる複合体で，その基本構造は4種類のヒストン (H2A, H2B, H3, H4) それぞれ二つずつから成る八量体のコアヒストンに147bpのDNAが1.65回巻きついたヌクレオソームと呼ばれる構造である（図3.10）．クロマチンの化学修飾には，DNAのメチル化とヒストンの翻訳後修飾が含まれ，クロマチンの高次構造を変えることでゲノム情報を管理・制御している．たとえば，読み取る遺伝情報 (DNA) が存在するクロマチン領域はユークロマチンと呼ばれる緩いクロマチン構造を形成し，読み取ってはいけない遺伝情報の存在するクロマチン領域はヘテロクロマチンと呼ばれる高度に凝集したクロマチン構造を形成する（図3.10）．では，化学修飾がどのようにクロマチンの高次構造を変化させるのか？　これまでに10種類以上の化学修飾が報告されているヒストンの翻訳後修飾を例に解説する（図3.10）．

　コアヒストン（ヒストンH2A, H2B, H3, H4）は，安定な八量体を形成するのに必要なカルボキシ末端側の球状ドメイン（タンパク質の領域）と，特定の二次構造をもたないアミノ末端側のヒストンテール (histone tail) から構成されている（図3.10）．ヒストンの翻訳後修飾（mRNAからタンパク質を合成（翻訳）後にタンパク質に付加する修飾）は，その多くがヌクレオソームの表面から伸びるヒストンテールに起こる．ヒストンの翻訳後修飾の作用機構には，直接的および間接的な作用機構が考えられている．直接的な作用機構には，アセチル化やリン酸化が修飾を受けたアミノ酸残基の電荷特性を変化させ，ヌクレオソーム形成に影響を与えることでクロマチンの高次構造変化を導くモデルが挙げられる（図3.10）．一方，間接的な作用機構については，C. D. Allis博士が提唱した"ヒストンコード (histone code) 仮説"が挙げられる．この仮説は，「一つまたは多数のヒストンに起こる多様な化学修飾の逐次的または空間的組合せが，それぞれ特有の下流機能を規定する」というもので，ヒストンの化学修飾は単独で機能するのではなく，複数

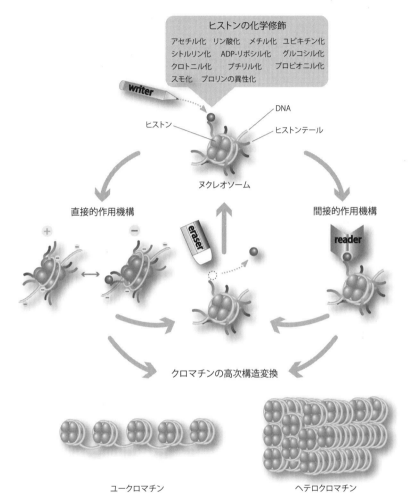

図 3.10 エピジェネティクスを担うクロマチンの化学修飾とその制御機構．ヒストンの翻訳後修飾の作用機構には，直接的および間接的な作用機構がある．ヒストンは正に帯電しており，負に帯電している DNA との親和性が高い．直接的な作用機構では，修飾を受けたアミノ酸残基の電荷特性が変化し，ヌクレオソーム形成に影響を与えることでクロマチンの高次構造変化を導くモデルがある．たとえば，アセチル化修飾は負に帯電するため，負に帯電した DNA とヒストンの親和性を弱める影響がある．間接的な作用機構では，writers によって付加された化学修飾が readers によって読み取られることで，クロマチンの高次構造変化を介した生物学的現象を進行させる．readers によって送られる化学修飾の下流シグナルを停止させる際には，erasers によって化学修飾が除去される．

の組合せにより他のタンパク質によって読み取られるコード（ヒストンコード）として機能することで，化学修飾に結合するタンパク質を介して間接的に作用するモデルを説明するものである．ヒストンの化学修飾状態を制御する因子群は，ヒストンコードの「writers：化学修飾を付加する因子で，主に修飾付加酵素」，「readers：部位特異的なヒストンの翻訳後修飾を認識し結合する因子で，主に結合タンパク質やそれを含む複合体」，「erasers：修飾を除去する因子で，主に修飾除去酵素」に分類され，これまでに数多くの修飾制御因子が同定されている（図3.10）．ヒストン化学修飾の制御機構について，これまでに多くの制御因子が報告されているリジン残基のメチル化修飾を例に解説する．

3.3.3 ヒストンのメチル化修飾

ヒストンのメチル化 (mathylation) 修飾はリジン残基とアルギニン残基に起こり，リジン残基に起こるメチル化とは，メチル基がリジン残基の ε-アミノ基の窒素に共有結合することである（図3.11A）．ヒストンのリジン残基メチル化は，1964年に哺乳類の数種類の臓器に由来するヒストンから初めて同定され[76]，1968年までにモノ・ジ・トリメチル化リジン残基が存在することが明らかになった（図3.11A）．メチル化の作用は，どのリジン残基がメチル化されるか，そして同じリジン残基のメチル化でもモノ・ジ・トリメチル化といったメチル化状態の違いにより，その作用が異なる（図3.11B）．

(1) メチル化

ヒストンから初めてメチル化リジン残基が検出されたのとほぼ同時期に，ヒストンのリジン残基メチル化は翻訳後に起こる SAM（S-アデノシルメチオニン）との反応によるアミノ酸側鎖の修飾であることが示唆された[77]．ヒストンのリジン残基メチル化は，SAM をメチル基供与体とする SAM 依存的メチル基転移酵素が触媒する．SAM 依存的メチル基転移酵素はその構造から3タイプに分類され，クラスIは seven-stranded β-sheet 構造を共通にもつ酵素，クラスIIは進化的に保存された SET (Su(var)3-9 / Enhancer

3.3 クロマチンの化学修飾とその制御機構   77

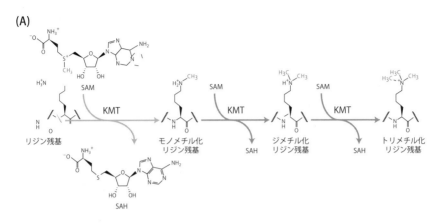

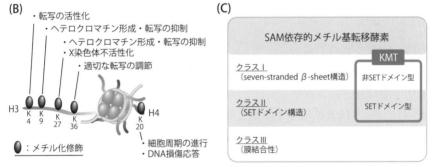

図 3.11 KMT によるリジン残基のメチル化. (A) KMT によるメチル化機構. KMT により触媒されるメチル基供与体 SAM からリジン残基の ε-アミノ基窒素へのメチル基転移により, メチル化リジン残基と SAH が生成する. リジン残基のメチル化には, モノ・ジ・トリメチル化状態が存在する [出典:『エピジェネティクス』, 化学同人, 図 5.1 より改変]. (B) メチル化修飾の作用. メチル化修飾の作用は修飾部位 (修飾されるリジン残基), 修飾状態 (モノ・ジ・トリメチル化) 特異的である [転写:DNA から RNA が合成されること, H3:ヒストン H3, H4:ヒストン H4, K:リジン残基 (数字はヒストンの N 末端から何番目のアミノ酸かを示す)]. (C) SAM 依存的メチル化酵素と KMT の分類. KMT は SET ドメイン型酵素 (クラス II) と非 SET ドメイン型酵素 (クラス I) に分類される.

of zeste / Trithorax) ドメインをもつ酵素, クラス III は膜結合性のメチル基転移酵素である (図 3.11C) [78]. 2000 年に最初のヒストンリジンメチル基転移酵素 (KMT:lysine methyltransferase) である SUV39H1 が発見されて

以来，30 の KMT が同定された．KMT は 2 タイプの酵素，SET ドメイン型 KMT と非 SET ドメイン型 KMT に分類されるが，どちらのタイプの酵素もメチル基供与体 SAM からリジンの ε-アミノ基窒素へのメチル基転移を触媒し，メチル化リジン残基と SAH（S-アデノシルホモシステイン）を生成する（図 3.11A）．SET ドメイン型 KMT は，クラス II の SAM 依存的メチル基転移酵素であり，SET ドメインを共通の触媒ドメインとしてもつ（図 3.11C）．SET ドメインをもつタンパク質はヒトでは 48 あるが，そのうち 29 が KMT として同定されている [79]．非 SET ドメイン型 KMT は SET ドメインをもたない KMT で，クラス I の SAM 依存的メチル基転移酵素に分類される DOT1 (disruptor of telomeric silencing 1) / DOT1L (DOT1-like) のみである（図 3.11C）．

(2) メチル化の作用機構

メチル化修飾はその結合タンパク質である readers を介して間接的に作用し，クロマチンの高次構造変化を伴う下流の生物学的現象を進行させる．メチル化リジン残基に結合する進化的に保存されたタンパク質のドメインが報告されており，これらは chromo (chromatin organization modifier)，tudor，MBT (malignant brain tumor)，PWWP (conserved proline and tryptophan) ドメイン，PHD (plant homeo domain) フィンガー，WD40 リピート，Ankyrin リピートであり，クロマチンと相互作用するさまざまなタンパク質に存在する（図 3.12A）[80]．結合ドメインは，3，4 本の逆平行 β シートが変形した β バレル構造 または不完全な β バレル構造から形成され，メチル化リジン残基の認識には β バレル構造の先端に保存された 2～4 の芳香族残基から成るカゴ型構造 (aromatic cage) を用いるのが特徴である．結晶構造解析により，メチル化リジン残基の認識にはメチル化状態と関係する二つの様式があることが示唆された．低メチル化状態（モノ・ジメチル化）の場合は結合ポケットのキャビティに挿入された形で認識され，大きさに依存した識別に寄与していると考えられ（図 3.12B），高メチル化状態（ジ・トリメチル化）の場合は結合ポケットがより広くなり，その溝の表面との相互作用で認識される（図 3.12C）[81]．

3.3 クロマチンの化学修飾とその制御機構

(A)

結合ドメイン	結合タンパク質	メチル化部位
Chromodomain	HP1 (a, b, g)	H3K9
	Pc	H3K27
Double chromodomain	CHD1	H3K4
Chromo barrel	MRG15	H3K36
Tudor	TDRD3	H3R17/H4R3
	TDRD7	H3K9
Double tudor	KDM4A/C	H3K4
Tandem tudor	53BP1	H3K79/H4K20
MBT	L3MBTL1/2	H4K20
	MBTD1	H4K20
PWWP	DNMT3A	H3K36
	BRPF1	H3K36
PHD finger	BPTF	H3K4
	ING1–5	H3K4
	MLL1	H3K4
	KDM5A	H3K4
	KDM7A/B/C	H3K4
	PYGO1/2	H3K4
	RAG2	H3K4
	TAF3	H3K4
	CHD4	H3K9
	KDM5C	H3K9
WD40 repeat	WDR5	H3K4
Ankyrin repeat	G9a	H3K9
	GLP	H3K9

(B) 結合ポケットのキャビティ

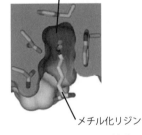

メチル化リジン

(C) 結合ポケットの溝

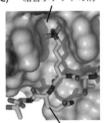

メチル化ペプチド

図 3.12 メチル化ヒストン結合タンパク質．(A) メチル化ヒストン結合ドメイン．メチル化ヒストン結合ドメインとそれをもつタンパク質およびその認識するメチル化修飾部位（【例】H3K9：ヒストン H3 の 9 番目のリジン残基）を示した．(B,C) メチル化状態の認識様式．メチル化ヒストン結合ドメインによる低メチル化（モノ・ジメチル化）状態の認識様式 (B) と高メチル化（ジ・トリメチル化）状態の認識様式 (C)．

出典：Taverna, SD., *et al.*, *Nat. Struct. Mol. Biol.*, 2007, BOX1 i, ii より改変.

(3) 脱メチル化

　タンパク質のメチル化では，アミノ酸残基に存在するカルボキシル基の酸素原子，アミノ基の窒素原子，チオール基の硫黄原子にメチル基が共有結合する．カルボキシル基のメチル化が可逆的な修飾であるのに対し，アミノ基やチオール基のメチル化は不可逆的修飾であると考えられていた[82]．ヒストンのリジン残基メチル化は，不可逆的な修飾と考えられていたアミノ基のメチル化であり，その可逆性は大きな議論の的であった．しかし，修飾の発見から40年後にヒストンの脱メチル化酵素が発見されたことで，可逆的修飾であると結論付けられた．ヒストン脱メチル化酵素による脱メチル化(demethylation)に加え，現在までに明らかになっているメチル化修飾消去機構およびメチル化修飾の効力を打ち消すメカニズムを解説する．

① バイナリースイッチ (Binary switch)

　隣接するアミノ酸残基の異なる修飾が，他方の修飾部位とその結合タンパク質とのアフィニティーを減少させ，結合を阻害することにより，修飾の効力を打ち消すというメカニズムである（図3.13）．メチル化では，H3K9のメチル化がもつHP1 (heterochromatin protein 1) タンパク質との相互作用が，隣接するS10のリン酸化により失われることが証明されている[83,84]．

② ヒストンバリアント（ヒストンの変種）による置換

　メチル化ヒストンを未メチル化ヒストンと置換することにより，メチル基を結果的にヒストンから取り除くメカニズムである（図3.13）．ショウジョウバエや哺乳類細胞の転写の活性化領域では，DNA複製非依存的なヒストンバリアントH3.3の置換が観察され，これはサイレンシング状態の遺伝子から遺伝子発現の抑制に作用するヒストン修飾を迅速に取り去るためのものであることが示唆されている[85-87]．

③ ヒストンテールの切断

　メチル化修飾を受けているヒストンテールを切断することで，メチル基をヒストンから取り除くメカニズムである（図3.13）．テトラヒメナでは，転

3.3 クロマチンの化学修飾とその制御機構　81

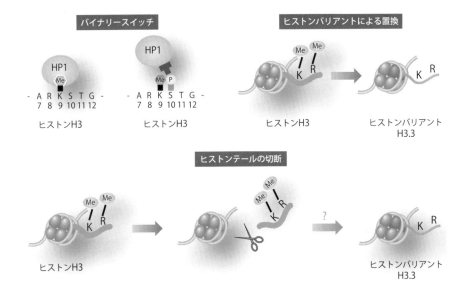

図 **3.13** ヒストンのメチル化修飾（効力）消去機構．バイナリースイッチ，ヒストンバリアントによる置換，ヒストンテールの切断によるメチル化修飾（効力）消去機構を示した［Me：メチル化修飾，R：アルギニン残基，S：セリン残基］．

写の起こっていない小核特異的にアミノ末端6アミノ酸残基が切断されたヒストンH3が存在することが明らかになった．切断された欠損部位には転写活性化に関与するメチル化部位であるR2とK4を含むことから，これは活性化状態の遺伝子から転写活性化に関与するヒストン修飾を迅速に取り去るためのものであることが示唆されている[88]．また酵母では，遺伝子発現の抑制に作用するメチル化修飾を受けたヒストンに嗜好性があるペプチド分解酵素が発見され，この酵素がH3のアミノ末端21アミノ酸残基を切断することが明らかになった．この酵素はプロモーターのヒストンが遺伝子発現の抑制に作用するメチル化修飾を受けた遺伝子で，メチル化されたヒストンテールを切断することによりメチル基を迅速に取り去り，遺伝子発現を誘導することが示唆されている[89]．

④ 脱メチル化

　酵素による触媒により，メチル基のみを除去する最も直接的なメカニズムである．ヒストン脱メチル化酵素の探索は，1964年の遊離リジンの脱メチル化酵素の報告に始まったが[90]，2004年に最初のリジン脱メチル化酵素が同定されるまでの40年間，ヒストンのメチル化修飾の可逆性は不明のままであった．ヒストンの脱メチル化は，二つのヒストン脱メチル化酵素ファミリーである LSD (lysine specific demethylase) ファミリーと JHDM (JmjC domain-containing histone demethylase) ファミリーに属するタンパク質が触媒する二つの異なる化学反応により起こる．この二つのファミリーはどちらも大気中の酸素分子を活性化することで強い酸化力をもたせ，その活性化した酸素を異なる化学反応に用いる酸化酵素である．

　LSD ファミリーはメチル化リジン残基におけるアミンの酸化反応により脱メチル化を触媒する FAD (flavin adenine dinucleotide) 依存的モノアミン酸化酵素である[91]（図3.14）．この反応はメチル化リジン残基のアミンから水素原子二つを FAD に転移させることでイミン中間体を生成する．還元された $FADH_2$ は酸素分子により再び FAD に酸化され，O_2 は還元されて H_2O_2 になる．イミン中間体は非酵素的な加水分解により非常に不安定なカルビノールアミン中間体を生成し，この不安定な中間体から自然にホルムアルデヒドが放出され，脱メチル化反応が完了する．この反応は，リジン残基の ε-アミノ基の窒素がプロトン化されていることが必要なため，トリメチル化リジン残基では起こらない．LSD ファミリーには，哺乳類では二つのタンパク質が存在する．

　一方，著者（東田）らが世界で最初に同定した JHDM ファミリーは，LSD ファミリーとは異なる化学反応である酸素添加/水酸化反応により脱メチル化を触媒する二酸素添加/水酸化酵素である[92]．JHDM ファミリーの酵素は，補因子として二価鉄と α-KG（α-ケトグルタル酸）を用いて，メチル基の水酸化を触媒する（図3.14）．まず，二価鉄から酸素分子への電子の移動による三価鉄およびスーパーオキシドラジカルの形成と，それに続くスーパーオキシドラジカルと α-KG との反応により，オキソフェリル中間体，コハク酸，二酸化炭素が生成される．オキソフェリル基 (Fe(IV) = O)

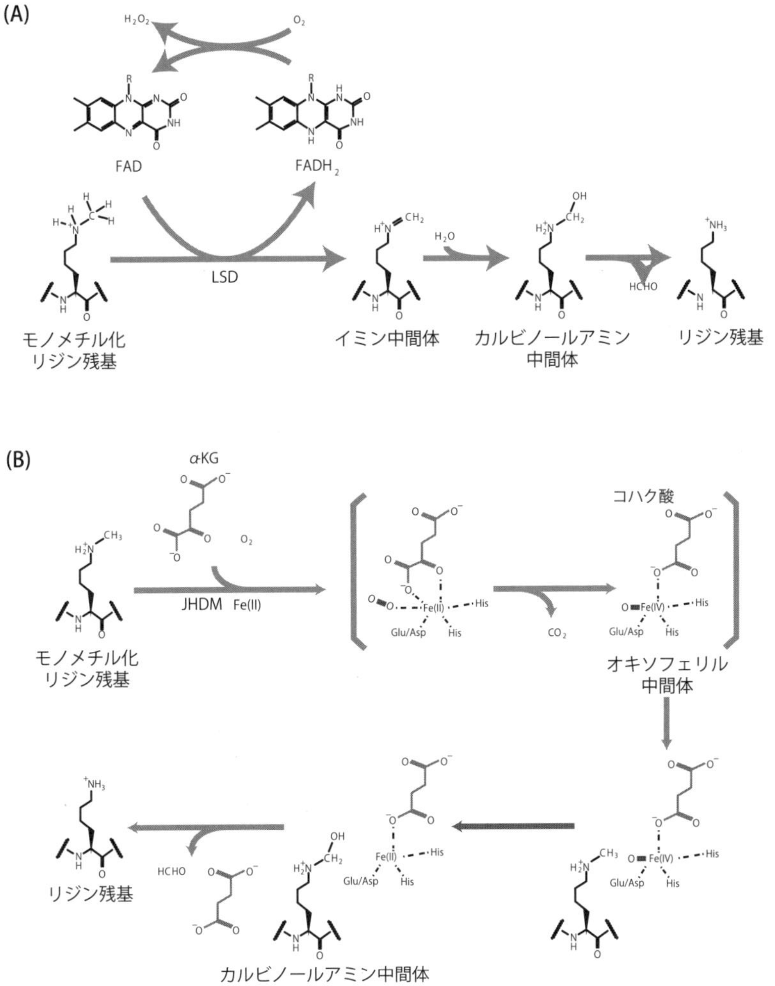

3.3 クロマチンの化学修飾とその制御機構　　83

図 3.14 ヒストン脱メチル化酵素によるリジン残基の脱メチル化．(A) LSD ファミリーによる脱メチル化反応．メチル化リジン残基におけるアミンの酸化反応により脱メチル化を触媒する．モノメチル化リジン残基を例に反応機構を示したが，ジメチル化リジン残基からの脱メチル化も可能である．しかし，トリメチル化リジン残基からの脱メチル化は触媒できない．(B) JHDM ファミリーによる脱メチル化反応．メチル化リジン残基におけるメチル基の水酸化反応により脱メチル化を触媒する．モノメチル化リジン残基を例に反応機構を示したが，ジ・トリメチル化リジン残基からの脱メチル化も可能である．
出典：『エピジェネティクス』，化学同人，図 5.10, 12 より改変．

はメチル基からプロトンを引き抜くことでメチル基の水酸化反応を誘導し，不安定なカルビノールアミン中間体を生成する．そして，引き続き非酵素的に起こるカルビノールアミン中間体からのホルムアルデヒドの放出により，脱メチル化が完了する．JHDMファミリーの触媒ドメインであるJmjCドメインをもつタンパク質はヒトとマウスで共に30あるが，このうち21のタンパク質にヒストン脱メチル化酵素活性があることが報告されている．JHDMファミリーの酵素が触媒する反応メカニズムは，LSDファミリーのように化学的制約はなく，モノ・ジ・トリメチル化リジン残基からの脱メチル化が可能である．しかし実際には，触媒ドメインの構造に依存したメチル化状態の基質特異性が明らかになっている．

3.3.4 クロマチン化学修飾の展望

同じゲノムをもつ生物個体が異なる形質を示すことは古くから観察されていたが，このような例は主に環境と遺伝の相互作用によって説明されてきた．しかし，どのように環境要因が遺伝情報に作用するかは不明であり，生命科学における重要な問題であった．エピジェネティクスは，遺伝情報と環境要因の架け橋となる機構であり，クロマチンの化学修飾が複雑な組合せにより協調して，クロマチンに関連した多くの生物学的現象を制御していることは明白になりつつある．たとえば，生物個体の栄養状態は，クロマチン化学修飾の writers および erasers の活性状態に影響を与え，クロマチンの化学修飾状態を変化させる（同じことが妊婦の栄養状態と胎児のクロマチン化学修飾状態にも言える）．また，エピジェネティックなメカニズムにより，哺乳類において父親の恐怖体験が子供にも遺伝しうることが示唆されており，エピジェネティクスが進化においても重要な役割を果たしている可能性がある．

今後の研究では，クロマチン化学修飾の制御機構および作用機構の分子メカニズムの解明に加え，遺伝情報を操作するためにクロマチン化学修飾の人為的制御が必要になる．生命科学とナノサイエンス・テクノロジーの融合により，そのような新技術の創成が可能となることを期待したい．

3.4 クロマチン高次構造の役割と解析技術

3.4.1 はじめに

　我々の膨大な遺伝情報は，ゲノム DNA という繊維状の物質に書き込まれている．細胞内の DNA を染色し，蛍光顕微鏡を使って観察すると，ゲノム DNA は直径数 μm の核の内部に収納されていることがわかる（図 3.15，図 3.1 も参照）．細胞の核は「ゲノム DNA 繊維の塊」とも考えられるが，その内部ではどのようにゲノム DNA が収納されているのであろうか．すでに前節までで見てきたように，ゲノム DNA は 4 種類のヒストンから構成されるヌクレオソームと複合体を形成することにより，クロマチン (chromatin) と呼ばれる繊維状の構造体を形成する．核内において，クロマチン繊維は互いに相互作用することによって，高次構造を形成する．そのようなクロマチン高次構造 (higher order of chromatin structure) は，ランダムに形成されるのではなく，細胞内では厳密に制御されており，転写，複製，DNA 修復に代表されるさまざまなゲノム機能と密接に関与している [93]．また，生体内に存在するさまざまな細胞種は，それぞれ特有のクロマチン構造を有することから，細胞種特異的なクロマチン構造が，細胞の表現形に大きく関与していると考えられる．本節では，近年明らかになってきたさまざまなクロマチン構造の役割，およびその解析技術について議論する．

3.4.2 クロマチン構造

　これまで，転写反応のメカニズムを理解するために，ゲノム DNA の塩基配列が決定され，転写制御因子や RNA ポリメラーゼなどのさまざまな DNA 結合タンパク質が同定されてきた．また近年では，DNA のメチル化やヒストン修飾などのエピジェネティック修飾が，転写反応に密接に関与していることが明らかになりつつある [94]．

　しかしながら，核内空間で繰り広げられる転写反応は，我々が想像しているよりも複雑に制御されており，ゲノム DNA 配列，転写制御タンパク質，エピジェネティック修飾などの多くの"役者"が明らかになった現在でも，

図 3.15 クロマチンの模式図．細胞の核（点線）にはゲノム DNA が収納されている．ゲノム DNA は 4 種類のヒストンタンパク質から構成されるヌクレオソームに巻きついた状態で存在する．ゲノム DNA とヌクレオソームの複合体をクロマチンと呼ぶ．

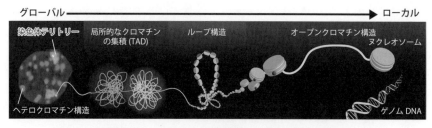

図 3.16 階層的なクロマチン高次構造．細胞の核内空間には，さまざまな大きさのクロマチン構造が存在する．クロマチンが凝集した領域をヘテロクロマチン構造と呼ぶ．個々の染色体は核内空間で，固有のテリトリー（染色体テリトリー）を占有する．染色体テリトリーの内部には，数 Mb のゲノム領域が局所的に集積した TAD 構造が見られ，その内部ではクロマチン同士が相互作用することによってループ構造が形成される．さらに，エンハンサーやプロモーターなどの転写制御領域は，裸の DNA であるオープンクロマチン構造をとる．

転写反応の全容を理解したとは言いがたい．最近では，転写制御機構を理解する上で，これらの役者に加えて，クロマチンの高次構造に大きな注目が集まっている．核内空間でクロマチン繊維はランダムに存在するのではなく，階層的に組織化された高次構造を形成する．その立体的なクロマチン高次構造は，転写や複製などの核内現象に深く関与していることが報告されている [95]．クロマチン高次構造には，階層の異なるさまざまなものがすでに知られており，ここでは，図 3.16 に示す五つのクロマチン高次構造について紹介する：①染色体テリトリー，② TAD (topological associated domain)，③ループ構造，④オープンクロマチン構造，⑤ヘテロクロマチン構造．

3.4 クロマチン高次構造の役割と解析技術 87

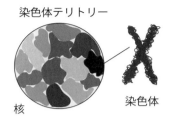

図 3.17 染色体テリトリーの模式図．核内空間には複数本の染色体が収納されている．それぞれの染色体は互いに交じり合うことなく，固有のテリトリーを形成して存在する．染色体テリトリーの核内局在は，遺伝子発現に影響を与えると報告されている．

① 染色体テリトリー

　DNA-FISH (DNA-fluorescent *in situ* hybridization) 法によって個々の染色体の核内局在を可視化すると，染色体が特異的なテリトリーを形成していることが観察される．染色体テリトリー (chromosome territory) は，個々の染色体が占有する核内空間であり，最も大きなクロマチン構造と言える．核内空間において，それぞれの染色体は混ざり合うことなく，固有のテリトリーを形成して存在する（図 3.17）．

　染色体テリトリーの立体構造は細胞間で不均一であり，その構造は遺伝子発現に大きな影響を与えることが報告されている [96]．1 本の染色体上には数百から数千個の遺伝子がコードされており，それらの遺伝子は同一の染色体テリトリーの内部に局在している．染色体テリトリー内における遺伝子領域の局在は，その転写活性との相関が報告されており，辺縁部に局在する遺伝子領域の転写活性は高い傾向にある [96]．また，遺伝子をコードするクロマチンが核膜近傍に局在すると，その転写活性が不活性化されることが知られている．このように，遺伝子の転写活性は，そのクロマチン領域の核内局在によって大きく影響を受けることが知られている [97]．また，染色体テリトリーの核内局在は，染色体全体の転写活性と相関があることが報告されており，多数の遺伝子をコートする染色体は核内空間の内側に局在する傾向にある [98]．細胞分裂に伴って，娘細胞における染色体テリトリーの核内局在はランダムに再構成されることから，染色体テリトリーの核内動態は個々の細胞の転写活性の不均一性に関与していると考えられるが，その詳細は明ら

かになっていない．

② TAD (topological associated domain)

　近年まで，DNA-FISH 法がクロマチン高次構造を解析する主な技術であった．DNA-FISH 法では，染色体テリトリーなどの比較的大きなクロマチン構造を解析することはできるが，顕微鏡の解像度の限界から，個々のクロマチン繊維がどのような構造をとっているかは明らかになっていなかった．

　しかしながら，2002 年に J. Dekker らによる Chromatin conformation capture 法（3C 法）の開発によって，よりローカルなクロマチン高次構造が明らかとなってきた [99]．3C 法では，細胞より抽出したクロマチンにさまざまな生化学的な処理を行うことで，クロマチン間の相互作用を解析することができる（図 3.18）．最近では，次世代シーケンサーと 3C 法を組み合わせることによって，クロマチン高次構造をゲノムワイドに解析することが可能になっている [100]．これらの解析によって，クロマチン領域が局所的に集合した高次構造 topologically associating domain (TAD) が存在することが明らかとなってきた [101]．

　TAD の内部は，〜数 Mb に及ぶクロマチン領域が空間的に近接した状態で存在し，周辺の TAD とは交じり合わないような比較的閉鎖的な空間であると考えられている．TAD は複数の遺伝子領域と，その転写活性を制御する エンハンサー などの遺伝子制御領域を含み，TAD 内部でのクロマチン構造変換と遺伝子発現の制御は密接に関与している．また，TAD は細胞種に依存しない安定な構造体であることが報告されている [102]．広大なゲノム領域からどのようにして特異的な TAD が形成されるかは非常に興味深い． インスレーター である CTCF タンパク質が TAD-TAD 間の境界領域に結合している．さらに，クロマチン繊維を束ねる活性をもつコヒーシン複合体も CTCF とともに TAD 間の境界領域に存在することから，これらのタンパク質が TAD の形成に関与していると考えられる [103]．しかしながら，どのように細胞種を越えて安定な TAD 構造が形成されるのかはいまだに不明である．

3.4 クロマチン高次構造の役割と解析技術　89

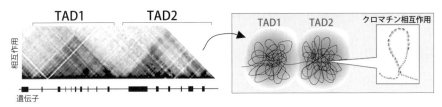

図 3.18 TAD の模式図．3C 法によってクロマチン間の相互作用を網羅的に解析すると，ゲノム DNA は 3 次元的に区画化されていることが明らかとなった．TAD は数 Mb に及ぶゲノム領域が互いに近接し合ってできるクロマチン高次構造であり，TAD と TAD の境界領域には CTCF やコヒーシンなどが結合し，TAD 同士が交じり合わないような閉鎖的な空間を形成している．さらに，TAD の内部ではクロマチン同士が相互作用することによって，遺伝子発現の調節が行われている．

③ ループ構造

　遺伝子発現には，遺伝子をコードする遺伝子領域の他に，その上流にあるプロモーター領域，さらには遺伝子座の近傍に位置するエンハンサー領域が大きく関与している．エンハンサー領域は，標的遺伝子の転写活性を活性化する機能があるが，その活性化のためにはエンハンサーとプロモーターが物理的に相互作用する必要がある [104]．その際，1 本のクロマチン繊維が折れ曲がり，互いに相互作用することからループ状の立体構造が形成される（図 3.18）．エンハンサーに特異的に結合するタンパク質と，プロモーターに特異的に結合する転写制御因子がクロマチンループ構造を介して複合体を形成し，転写反応が制御されていると考えられる [104]．

　エンハンサーとなるゲノム領域は細胞種によって使い分けられており，その領域の選択は，細胞種特異的な遺伝子発現パターンが生み出すメカニズと考えられる．どのようにして細胞特異的なエンハンサー領域が選択されるかは明らかになっていないが，エンハンサー領域の選択にクロマチン高次構造の関与が示唆されている [105]．TAD 内部では，転写活性化状態にある遺伝子領域では TAD 空間内でエンハンサーとプロモーターが相互作用するのに対して，不活性化状態にある遺伝子領域ではその相互作用は起こらない．また，クロマチン間の相互作用は常に TAD 構造の内部で起こっており，異なる TAD 間を越えてエンハンサーとプロモーターが相互作用する頻度は極め

て低いと考えられる．しかしながら，TAD 内部でのクロマチン間の相互作用がどのように制御されているかは，明らかになっていない．

④ オープンクロマチン構造

　ゲノム DNA はヌクレオソームによって一様に占有されているのではなく，一部の領域は，クロマチンによって占有されていない「オープンクロマチン構造 (open chromatin structure)」をとる（図 3.16）．転写因子などの DNA 結合タンパク質の多くは，DNA がヌクレオソームに巻きついた状態だと結合することができない．そのため，エンハンサーやプロモーターなどの転写制御領域がオープンクロマチン構造をとると，裸になったゲノム DNA に転写因子などが効率良く結合できるようになり，転写反応が開始すると考えられる．

　つまり，オープンクロマチン構造と遺伝子発現は密接に関与しており，細胞種によって遺伝子発現パターンが異なるように，オープンクロマチン構造をとるゲノム領域も大きく異なる [106]．オープンクロマチン構造とヒストンのアセチル化には正の相関があり，エピジェネティック修飾によってオープンクロマチン構造が制御されていると考えられている [107]．近年では，1 細胞レベルでのオープンクロマチン構造解析が可能となっており [108,109]，オープンクロマチン構造は個々の細胞間での遺伝子発現レベルの変化に関与していると考えられている．

⑤ ヘテロクロマチン構造

　哺乳類の染色体のペリセントロメア領域は，数千から数万コピーの繰り返し配列によって構成され，クロマチンが高度に凝集したヘテロクロマチン構造 (heterochromatin structure) をとる．ヘテロクロマチン領域では，その凝集した構造のため，転写因子などが DNA に結合しにくい状態となり，転写が不活性化状態にあることが知られている [93]．また，ヘテロクロマチン構造は転写制御以外にも，染色体分配，ゲノム安定性など複数のゲノム機能に関与していることが知られている．

　細胞を DNA 染色試薬で染めると，核内にクロマチンが凝集したヘテロク

ロマチン構造を観察することができる（図 3.16）．ヘテロクロマチンは多くの細胞において，複数のドット状の構造体として検出される．生体内のさまざまな細胞種は，それぞれ特異的な核内ゲノム構造を有しており，その特徴はヘテロクロマチン領域の核内分布パターンに顕著に現れる．哺乳類における網膜の桿体細胞では，その核の中央部分に複数のヘテロクロマチン構造が互いにクラスター化することで，さらに大きな構造体を形成する．このように，高度にクラスター化したヘテロクロマチン構造は，光が網膜細胞を通る際に適度な屈折を生み出すことが知られている [110]．桿体細胞におけるヘテロクロマチン構造の核内分布は，夜行性哺乳動物と昼行性哺乳動物によって大きく異なることから，ヘテロクロマチン構造が，ゲノム機能に関与するだけでなく，光の屈折を生み出す構造体として機能しているという点は非常に興味深い．

3.4.3 クロマチン動態のライブイメージング技術

クロマチン高次構造は，時間とともにダイナミックに変化する動的なものである．クロマチン繊維が動くことによって，その高次構造も変化し，転写などのさまざまな核内現象に影響を与えると考えられる．DNA-FISH 法や 3C 法はクロマチン構造を解析する非常にパワフルな技術であるが，生きた細胞内でクロマチンがどのように「動く」のかを解析することはできない．ヒストン H2B のようなヌクレオソーム構成タンパク質に GFP (green fluorescent protein) などの蛍光タンパク質を融合させることによって，細胞内のクロマチン動態を観察することができる．しかしながら，ヒストン H2B はゲノム全体に分布しているため，特異的なゲノム領域のクロマチン動態をライブイメージングすることは困難であった．

最近になって，標的クロマチンをライブイメージングする技術が複数報告されており，その技術基盤となっているのが，ゲノム編集技術に用いられている zinc finger (ZF)，TALE，CRISPR / Cas9 などの人工 DNA 結合タンパク質である（詳細は第 5 章を参照のこと）．2007 年に Zaal のグループは，DNA 結合タンパク質である ZF タンパク質を人工的に改変することによって，ペリセントロメア配列に特異的に結合する改変型 ZF タンパク質を報告

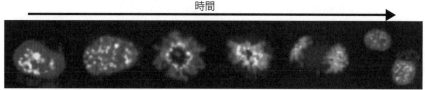

TGV; ペリセントロメア　H2B-RFP

図 **3.19**　クロマチンのライブイメージング．TGV 法によりマウス胚性幹細胞のペリセントロメア領域（緑）を生きた細胞内でラベルした．ヒストン H2B-RFP（赤色蛍光タンパク質）によって，クロマチンもラベルしてある．細胞分裂の過程で，ペリセントロメア領域がどのように動くのかがライブイメージングによって観察される．

した [111]．その改変型 ZF タンパク質を GFP と融合させ，細胞内で発現させることによって，標的であるペリセントロメア配列の核内局在を生きた細胞内でライブイメージングすることに成功している．

　2013 年に著者（宮成）らのグループは，別の人工 DNA 結合タンパク質である TALE (transcription activator-like effector) を利用して，生きた細胞内で標的クロマチン配列を可視化する技術（TGV 法；TALE-mediated Genome Visualization）を開発した（図 3.19）[112]．TALE は ZF と比べて，その結合特異性を自在にデザインすることができるという利点がある．また，その配列特異性は非常に高く，1 塩基の配列の違いも認識することが可能である．著者らは TALE の高い配列特異性を利用することによって，父方と母方のペリセントロメア領域を異なる蛍光タンパク質でライブイメージングすることに成功している [112]．しかしながら，ZF や TALE によって可視化できる標的配列は繰り返し配列に限定されており，ゲノム上に 1 コピーしかないゲノム領域のイメージングは技術的に困難であった．

　2014 年に，B. Huang らの研究グループにより，CRISPR / Cas9 システムを応用することにより，1 コピーのゲノム領域のイメージングを可能にする技術が報告された [113]．彼らは，ヌクレアーゼ活性をもたない Cas9 (dCas9) に GFP を融合させたコンストラクトを細胞内で発現させることによって，標的クロマチン配列を生きた細胞内でラベルしている．CRISPR / Cas9 システムでは，その結合特異性が sgRNA の配列によって決定される．1 コピー

の特異的なゲノム領域に対する複数のsgRNAを細胞内で同時に発現させることによって，複数のdCas9-GFPを標的のクロマチン領域に結合させることが可能となる．蛍光顕微鏡を使ってその細胞を観察すると，標的クロマチン領域に結合したdCas9-GFPの蛍光スポットが観察される．このシステムでは，標的クロマチンに結合しているGFPが〜50個程度と少ないために，長時間のライブイメージングには特殊な蛍光顕微鏡などが必要となる．

その他にも，LacI-GFP, TetR-GFPやParB-GFPなどのさまざまなDNA結合タンパク質を応用したクロマチンラベリング技術が報告されている．今後は，これらの技術を組み合わせることによって，より効率の良いクロマチンライブイメージングが可能になると考えられる．また，クロマチンの核内局在だけでなく，クロマチン高次構造を特異的にイメージングする技術の開発が求められている．

3.4.4　今後の展開

クロマチン高次構造に関する研究は，転写や複製などのゲノム機能を理解する上で大きな潮流を引き起こしている．最近，3C法と次世代シーケンサーを組み合わせた技術の発展により，ローカルなクロマチン構造の一端が明らかになってきた．これらの解析技術に加え，DNA-FISH法やCas9などのDNA結合タンパク質を使った蛍光メージング技術を利用した研究が大きく進展すると予想される．特に，これらのイメージング技術と超解像蛍光顕微鏡技術を組み合わせることによって，これまでの10倍以上の解像度でクロマチン構造を解析することが可能になっている．また，これらの研究データを統合的に解析し，クロマチン構造をシュミレーションする試みも盛んになってきている [114]．

このように，クロマチン研究をとりまく技術革新は近年目覚ましく，今後の研究によってクロマチン高次構造による転写制御機構が明らかになることを期待したい．

第4章 ノンコーディングRNA

ぬり替わる！RNAの姿

> **要約**
>
> 本章では，DNAの遺伝情報からタンパク質に翻訳する役割をもたない「ノンコーディングRNA (ncRNA)」に着目する．ncRNAは，基本的な代謝から個体発生や細胞分化に至る多種多様な生命現象のほか，重篤な多くの疾患の発症にも関与する重要な分子であることが近年わかってきている．その中でも，特に注目すべきものの最新研究を紹介しよう．

4.1 はじめに

今日に至るまでの分子生物学の目覚ましい発展には，1953年の，J. WatsonとF. CrickによるDNAの二重らせん構造の解明が果たした役割が大きい，ということは，生物学について少しでも学んだ経験がある者にとっては納得のいくところであろう．彼らの功績は分子生物学を語る上で欠くことのできないものであるが，Crickには忘れることのできないもう一つの重要な功績がある．それは，1958年における「セントラルドグマ」の提唱である．セントラルドグマとは，その名の示すとおり，20世紀の分子生物学における基盤となってきた中心原理であり，遺伝情報の流れを概念として示したものである．すなわち，DNAのもつ遺伝情報はRNAを介しタンパク質へと一方的に伝達され，逆に伝達されることはないとする説であり，実際，転写や 翻訳 のメカニズムが明らかになることで，この説の正当性が確かめられることとなる．その後，DNAからRNAを合成する逆転写酵素の発見により，RNAからDNAの方向に伝達される例も見つかったため，一部の書き換えが行われたものの，セントラルドグマは21世紀となった今でも分子生

物学界の中心にある重要な原理となっている．

　古典的なセントラルドグマにおいて，RNA は mRNA としての働きのみが重要である．すなわち，DNA の遺伝情報をタンパク質へと受け渡すだけの DNA の「コピー」としての役割のみをもつ，とされていた．しかし，近年のヒトゲノム配列の解読や トランスクリプトーム解析 により明らかになったことは，タンパク質をコードする RNA，すなわち mRNA の割合は，生体内に存在する RNA 分子のうちのわずか 2% にしか相当しないということであった．それ以外の RNA は tRNA や rRNA など古くから知られていたものも含まれるが，遺伝暗号がタンパク質を指定しないこれらの RNA を，便宜上，mRNA と区別するためのネガティブな概念として，「ノンコーディング RNA」と総称した．

　ノンコーディング RNA は当初，機能をもたない「がらくた」であると考えられてきたが，その量のあまりの多さから，それらの RNA 分子自体が生命活動に重要な機能をもっているのではないか，と考えられるようになった．実際にノンコーディング RNA が機能をもつことが明らかになったのはそれからしばらくのことである．ノンコーディング RNA 研究の中でも，最も早い段階で研究が進んできたのが，すでに存在が明らかになっていたリボソームのコアとなる rRNA，アミノ酸をリボソームへ運搬する役割をもつ tRNA，スプライシング に重要な核内低分子 RNA (snRNA)，rRNA やその他の RNA への修飾に寄与する核小体低分子 RNA (snoRNA) など，セントラルドグマの根幹に関わるノンコーディング RNA であった．

　一方，これまで研究が進められてきた，比較的長い歴史をもつこれらのノンコーディング RNA に対し，近年飛躍的に理解が進んだ RNA がある．それこそがこの章において焦点を当てて解説する短鎖ノンコーディング RNA（小分子 RNA；small RNA）と長鎖ノンコーディング RNA（long noncording RNA：lncRNA；リンク RNA）である．小分子 RNA は，その名のとおり，20〜30 塩基程度の小さな RNA であるのに対し，100〜200 塩基以上のノンコーディング RNA を長鎖ノンコーディング RNA と呼ぶ．

　4.2 節では，歴史の古い rRNA，tRNA，snRNA，snoRNA については特筆せず，近年進展が著しい小分子 RNA と長鎖ノンコーディング RNA に絞っ

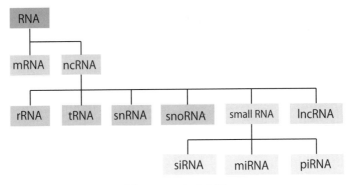

図 **4.1** RNA の分類

て，特に有名な RNA をいくつか紹介していきたい．さらに 4.3 節では，小分子 RNA の研究の中で比較的新しく，近年理解が進んでいる Piwi-interacting RNA (piRNA) について，より掘り下げて解説する（図 4.1）．

4.2 ノンコーディング RNA

4.2.1 小分子 RNA

1990 年代初頭，ある特定遺伝子の mRNA に相補的に結合する アンチセンスの RNA を導入すると，その遺伝子発現が抑制される現象が見つかった [1,2]．この現象は，RNA によって遺伝子発現が沈静化される現象として「RNA サイレンシング (RNA silencing)」と名付けられた．この現象は標的遺伝子の抑制技術としてすぐに実験に用いられるようになったが，その詳しいメカニズムは明らかになっていなかった．

当初のモデルでは，アンチセンスの RNA が mRNA に対合することによる翻訳阻害などを介して抑制されると推測されたが，センス mRNA の導入によっても，アンチセンス RNA の導入の際と同様に特定の遺伝子の発現抑制が報告されたことから，従来の抑制モデルに対して疑問が生じることとなった [3]．

1998 年，A. Fire と C. Mello はこの問題を解明すべく，特定の遺伝子の一本鎖センス RNA，そしてそれに対する一本鎖アンチセンス RNA，さらにそ

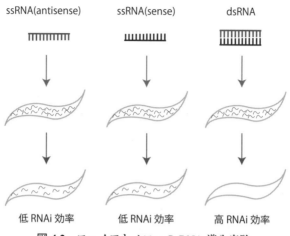

図4.2 ファイアとメローのRNA導入実験

れらのRNAを相補的に対合させた二本鎖RNAを精製し，モデル生物の線虫に対して導入したところ，二本鎖RNAによって，従来の方法よりはるかに効率的なサイレンシングが観察された（図4.2）[4]．このことから，二本鎖RNAが特異的な遺伝子抑制において重要であり，これによる抑制システムが生体内で機能していることが示唆された．この現象は改めてRNA interference (RNAi) と名付けられ，研究が進むにつれ，この二本鎖RNAは20～30塩基程度の小さなRNAを生合成するための前駆体であることが明らかになった．この小分子のRNAこそが，後述するsiRNA (small-interfering RNA) と呼ばれるものであり，小分子RNAが相補的な遺伝子を抑制するという概念を生み出した．この発見は，同じく小分子RNAに分類されるmicroRNA (miRNA)，さらに二本鎖RNAを経ずに生合成されるpiRNAの発見や，今日に至るまでの小分子RNA研究の隆盛を促すこととなった [5-7]．

小分子RNAはその種類によってもサイズは異なるが，およそ20～30塩基のRNAである．これらの小分子RNAは，それのみでは標的遺伝子を抑制することができず，Argonauteファミリータンパク質 (Argonaute family protein) と相互作用してRISC (RNA-induced silencing complex) 複合体を形成することではじめて機能を獲得する [8]．

4.2 ノンコーディング RNA　99

　Argonaute ファミリータンパク質は RNAi 機構に必須のタンパク質であり，生物間で高く保存されている．さらに Argonaute ファミリーは，AGO サブファミリーと PIWI サブファミリーに大きく二分され，siRNA と miRNA は AGO サブファミリータンパク質と，piRNA は PIWI サブファミリータンパク質 (PIWI subfamily protein) と RISC を形成する [9]．Argonaute ファミリータンパク質の多くは RNA を切断するエンドヌクレアーゼ活性（これを スライサー活性 と呼ぶ）をもち，RISC が標的となる遺伝子を特異的に認識して切断することにより機能することが多い．siRNA と miRNA はあらゆる細胞に発現し，多様な遺伝子の発現抑制機構に関与するのに対し，piRNA は生殖細胞特異的に発現する．以下，それぞれの小分子 RNA による抑制メカニズムについて詳細に解説する．

(1) siRNA

　siRNA は，21〜23 塩基からなる小分子 RNA であり，さまざまな生物種で観察される．RNAi は線虫での実験でも観察されたような，外因性の二本鎖 RNA を細胞に導入することで特定の遺伝子発現を抑制する機構の他に，内因性の siRNA (endogenous siRNA, endo-siRNA) による遺伝子抑制機構も存在し，AGO サブファミリーと RISC を形成することで機能する [10-14]．
　siRNA の前駆体となる二本鎖 RNA は，①一本鎖 RNA 分子内で，相補的な塩基対を形成することでヘアピン構造の二本鎖 RNA を形成する，または②同一のゲノム領域から転写されたセンスとアンチセンスが相補的に対合することで二本鎖 RNA を形成する，③別々のゲノム領域から転写されたセンスとアンチセンスが相補的に対合することで二本鎖 RNA を形成する，という 3 種類の合成方法がある [10-12]．siRNA による遺伝子の発現抑制機構はさまざまな生物種で見つかっているが，本著では，代表的な生物種としてショウジョウバエと分裂酵母を例に，その抑制機構を解説する．

(i) ショウジョウバエの RNAi による遺伝子抑制機構

　内因性 siRNA を介した RNAi の分子メカニズムがいち早く解明されたのがショウジョウバエである．ショウジョウバエの体細胞における内因性

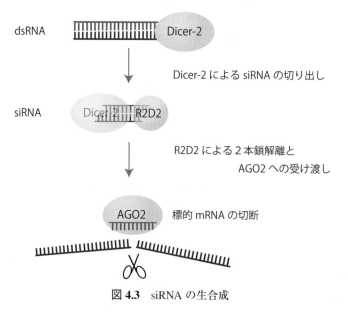

図 4.3　siRNA の生合成

　siRNA の大半は，転移因子と相補的な配列をもつ．転移因子は宿主のゲノム上を転移し，染色体の組換え，ゲノムへの挿入，欠失などを引き起こすことで，宿主ゲノムを不安定化させるが，体細胞では siRNA がこれを抑制する（ただし，生殖細胞においては piRNA が主にその役割を担うが，これに関しては後述する）．

　siRNA による抑制には，まず前駆体となる長鎖二本鎖 RNA から二本鎖 siRNA が切り出される必要がある．その役割を担うタンパク質が RNase III ドメインを有する Dicer-2 である．二本鎖 siRNA の両末端は，5′ 末端にはリン酸基がついており，3′ 末端は 2 塩基突出している．このような siRNA がもつ特徴は，RNase III の切断後の RNA 末端の特徴と一致していたため，これをもとに RNase III ドメインをもつ Dicer-2 が同定された [15]．

　続いて見つかったのは Dicer-2 結合因子 R2D2 である．R2D2 が寄与するのは切り出しの後であり，AGO2 へと siRNA を受け渡すことで抑制に必須な RISC の形成を誘導する [16]．最終的に AGO2 と RISC を形成した後，RISC のもつ小分子 siRNA は相補的な配列をもつ mRNA を標的として結合

し，AGO2 の切断活性により RNA の切断が行われる（図 4.3）[17].

(ii) 分裂酵母の siRNA を介した転写抑制機構

分裂酵母はエピジェネティクス (epigenetics) 研究，特に，テロメア や セントロメア のクロマチン制御に関する研究によく用いられるが，近年の研究から，siRNA はヒストン修飾を介してヘテロクロマチンを誘導することが明らかとなった．

クロマチンは，高度に凝集した遺伝子抑制型構造である ヘテロクロマチン と，緩んだ転写許容型構造であるユークロマチンに分類される．ヘテロクロマチンはさらに二つに分類され，それぞれ構成的ヘテロクロマチン，条件的ヘテロクロマチンと呼ばれる．構成的ヘテロクロマチンとは，セントロメアやテロメアに存在する，発生 段階などによらず常に転写が抑制されている状態のヘテロクロマチンであり，条件的ヘテロクロマチンとは，発生段階や組織などに応じてヘテロクロマチン化されたり，ほぐれたりして発現が行われる領域を指す．

分裂酵母とエピジェネティクスの関連性を示す最初の報告は，構成的ヘテロクロマチン領域に レポーター遺伝子 を挿入すると，レポーター遺伝子の発現が抑制されるというものであった [18,19]．これは，染色体環境によって遺伝子の発現が確率論的に変化する位置効果と呼ばれる現象であり，これに関わる因子として SU (VAR) 3-9 相同タンパク質である Clr4 が同定された．その後の解析により，Clr4 は H3K9 特異的なヒストンメチル基転移酵素であること，抑制型ヒストン修飾である H3K9me 修飾（ヒストンタンパク質の一種 H3 の 9 番目のリジンがメチル化されること）はヘテロクロマチン領域に偏在していること，HP1 ホモログ である Swi6 がこの修飾を認識して局在することなどが明らかになると，位置効果は，特定の領域の H3K9 のメチル化によるヘテロクロマチンの拡大によるものであると考えられるようになった [20].

しかしながら，構成的ヘテロクロマチンがどのように最初に構成されるかについてはこれまで謎のままであった．これに関しては，RNAi に関与する遺伝子の欠損が構成的ヘテロクロマチンに異常をきたすという知見や，

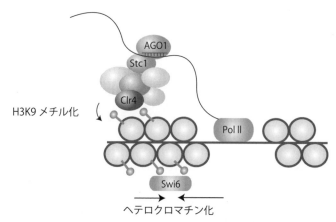

図 4.4　分裂酵母の siRNA による転写抑制モデル

当該領域の繰り返し配列から siRNA の産生が見られるという知見が得られたことから，siRNA とヘテロクロマチン化の関係が示唆されるようになった．そして，それをもとに，小分子 RNA が当該領域の転写直後の産物を認識し，その領域で H3K9me3 とヘテロクロマチン化を誘導するというモデルが提唱された．これによると，まず，構成的ヘテロクロマチンとなる領域の繰り返し配列から RNA 依存的 RNA ポリメラーゼにより産生された二本鎖 RNA が，Dicer によりプロセシングされた後，分裂酵母 Argonate タンパク質 AGO1 に取り込まれ，RISC を形成する．RISC は Chp1，Tas3 と RITS (RNA-induced transcriptional silencing) 複合体を形成すると，当該領域の繰り返し配列の転写産物と RISC に含まれる siRNA が相補的に結合し，そこに Clr4 を含む CLRC (Clr4-Rik1-Cul4) 複合体を誘導する [21-23]．このようなメカニズムによって H3K9 のメチル化を引き起こし，ヘテロクロマチン形成を促すと考えられている（図 4.4）．

(2) miRNA

　miRNA は 21～24 塩基の一本鎖小分子 RNA である．miRNA と siRNA の特性として大きく異なるのは，siRNA はターゲットに対しての高い相補性が求められるのに対し，miRNA は 5′ 末端から 6-8 塩基の相補性のみで機

能するという点である．そのため一つの miRNA で多数の遺伝子の発現を制御することが可能であり，実際，全体の3分の1以上の遺伝子の発現がmiRNA により制御されていると考えられている．また，siRNA はトランスポゾン (transposon) などの外来性 RNA に対する細胞内の原始的な免疫機構としての側面があるのに対し，miRNA は内因性で発生や器官形成など，重要な生命活動の制御機構として用いられる．しかし，実際この二つの境界は，特に哺乳動物の場合は曖昧で，siRNA と miRNA の生合成経路は異なるものの，結合する AGO を共用しているため，両経路は競合する場合がある．miRNA はさまざまな生物種で見つかっているが，ここでは最初に発見された miRNA である線虫の miRNA から紹介する．

(i) 線虫における miRNA の発見

　線虫では，細胞系譜，すなわち器官形成などのタイミングに異常が生じる変異体が多数単離されており，これらは変異体と呼ばれる．ここで登場する lin-14, lin-4 という二つの遺伝子もまた，ヘテロクロニック遺伝子として同定された遺伝子である．
　線虫は孵化した後に，第1幼虫期から第4幼虫期を経て成虫へとなる．その際，各幼虫期に応じて特徴的な細胞分裂を行い，その細胞分裂が行われることで次の幼虫期に進行するが，この二つの遺伝子の変異ではそれぞれ違った形でこの分裂に影響を与える．lin-14 遺伝子に変異をもつ線虫は，発生過程において第1幼虫期を経ずに第2幼虫期に進行する．一方，lin-4 遺伝子の変異では，lin-14 の変異体とは異なり，第2幼虫期に進行せずに第1幼虫期を繰り返す．
　この表現型から予想されたのは，lin-14 は第2幼虫期への進行に必要な遺伝子の発現を抑制することで第1幼虫期にとどめる働きをもつタンパク質をコードしているのではないかということである．それに対して lin-4 は lin-14 の働きを抑制することで第2幼虫期への細胞分裂を促すタンパク質をコードしていると考えられた．実際に lin-14 は 転写因子 をコードする遺伝子であり，上記のような働きをもつことが明らかになった．さらに，lin-4 変異体では，この lin-14 タンパク質の発現向上が見られたことや，

lin-4, *lin-14* 二重変異体が *lin-14* のみの変異体と変わらない表現型を示したことからも，*lin-4* は *lin-14* タンパク質の抑制タンパク質をコードする遺伝子であることは明白だと思われた．

ところが驚くべきことに，*lin-14* 遺伝子はタンパク質をコードしておらず，この領域から転写される RNA からは 21 塩基と 61 塩基の RNA ができていた [5,24]．これこそがまさに miRNA と，分子内で相補的に結合することによるヘアピン構造をもつ miRNA の前駆体であった．さらに，その後の解析からも，タンパク質をコードするヘテロクロニック遺伝子 *let-41* を抑制する miRNA として *let-7* が発見された．

当初，miRNA は線虫にのみ存在するものだと考えられていたが，*let-7* はヒトをはじめとするさまざまな種においても保存されており，miRNA による抑制機構は普遍的に生物の生体内で機能するメカニズムであるという認識が一般化するようになった [25,26]．これ以降，スクリーニング解析などを経て，さまざまな生物種においても多くの miRNA が報告されるようになった．ショウジョウバエにおいても miRNA が見つかり，siRNA 経路の解明とともに飛躍的に理解が進んでいる．以下，ショウジョウバエにおける miRNA 経路について解説する．

(ii) ショウジョウバエにおける miRNA の成熟と標的遺伝子抑制メカニズム

ショウジョウバエにおいて Dicer-2 が見つかったのとほぼ同時に，RNase III である Drosha が，miRNA の成熟に関わる因子であることが明らかになった [15]．miRNA は siRNA と異なり，Dicer-1 による切り出しの前に，核内でプロセシングを受ける [27]．

核内において一部にヘアピン構造を含む primary piRNA (pri-miRNA) と呼ばれる miRNA 前駆体が転写された後，ヘアピン部分が切り出されることで precursor miRNA (pre-miRNA) となる [27]．この過程において，Drosha は DGCR8 (Parsha) と Microprocessor という複合体を形成し，pri-miRNA から pre-miRNA を切り出す [28,29]．この経路についてはさまざまなモデルが想定され議論されてきたが，その結果，Drosha は ステム基部 の一本鎖部分と二本鎖部分を認識し，そこから約 11 塩基程度の長さを Drosha が計り

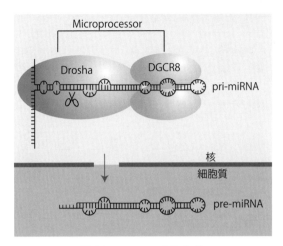

図 4.5　miRNA の生合成

とり，その部位を切断することで，約 22 塩基対の pre-miRNA になるということが明らかになった（図 4.5）[30].

細胞質に運ばれた pre-miRNA は，siRNA と同様の経路で Dicer により成熟型 miRNA となる．その後，AGO1 に受け渡されて AGO1-miRISC となると，miRNA の 5′ 末端側の 6〜8 塩基のシード配列と呼ばれる配列の相補性を利用して標的の mRNA に作用する．主に mRNA の 3′ UTR 側に作用した miRNA は，mRNA のポリ A の分解を誘導し，翻訳開始を阻害（eIF4G 抑制）することによって目的を達成する [31]．また，哺乳類においては，miRNA は AGO-2 と miRISC を形成することで，ショウジョウバエの AGO1-miRISC と同様の抑制機構によって，翻訳抑制を行う [32]（図 4.6 上）．

ショウジョウバエの miRNA は，主に AGO1 と miRISC を形成する一方，ごく一部は AGO2 とも miRISC を形成することが知られている．この AGO2-miRISC は AGO1-miRISC と異なり，キャップ結合タンパク質 (eIF4E) と競合して結合することにより，翻訳開始因子 (eIF4G) の eIF4E への結合を阻害し，翻訳を抑制している（図 4.6 下）．また，植物の大半の miRNA は，siRNA のように mRNA の切断を誘導することによって標的遺伝子を制御する [33,34]．

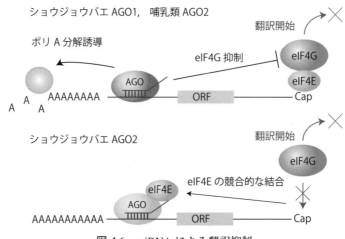

図 **4.6** miRNA による翻訳抑制

(3) piRNA

piRNA は siRNA や miRNA よりやや長い，24～30 塩基程度の長さをもつ小分子 RNA であり，PIWI サブファミリータンパク質と結合する．piRNA は生殖細胞特異的に発現して，トランスポゾンの転移抑制に寄与する．piRNA は，ヒトやマウスをはじめ，モデル生物のショウジョウバエや線虫に至るまで有性生殖を行うさまざまな生物において発現している．piRNA の詳細は 4.3 節において解説する．

4.2.2 長鎖ノンコーディング RNA

長鎖ノンコーディング RNA という分類は，1990 年代に急速に理解が進み，存在が一般化した小分子 RNA という概念に対して，「小分子 RNA ではないノンコーディング RNA」として定義された．実際のところ，小分子 RNA について新たな知見が次々と得られる 1990 年代において，今や長鎖ノンコーディング RNA の代表として知られる *Xist* などはすでに発見されており，20 世紀末に差し掛かると *Xist* の働きとは逆の働きをもつ *roX* についての研究も進み始め，長鎖ノンコーディング RNA と ゲノムインプリンティング の関連が注目された．さらには，その後のクロマチン修飾因子と相互作用し遺伝子を制御する HOTAIR の発見から，長鎖ノンコーディング RNA

の多くがゲノムからの転写をエピジェネティックに制御しているのではないかと考えられるようになった．また，この他に，meiRNA や MALAT1，NEAT1 といった，核内構造体の構成成分として機能する長鎖ノンコーディング RNA があることも報告されている．より近年では，核内のみならず細胞質においても長鎖ノンコーディング RNA が生体内の反応に寄与していることも報告されており，今や生体内の至る所において長鎖ノンコーディング RNA が機能するということは，分子生物学の分野において常識になりつつある．ここでは上記で述べた代表的な長鎖ノンコーディング RNA を中心に，(1) 転写制御関連長鎖ノンコーディング RNA，(2) 核内構造体関連長鎖ノンコーディング RNA，(3) 細胞質長鎖ノンコーディング RNA と大きく分けて，簡単に作用メカニズムを解説する．

(1) 転写制御関連長鎖ノンコーディング RNA

(i) Xist

　遺伝子量補償は，性染色体により性決定が行われる生物において，雌雄それぞれの遺伝子発現量が一定になるように調節されることを指す．二倍体の生物において，この遺伝子量補償は広く行われる．ヒトを含む哺乳類では雄ヘテロ XY 型が一般的であり，X 染色体を二つもつメスの遺伝子量は，X 染色体を一つと遺伝子の発現がほとんどない Y 染色体のみをもつ雄の遺伝子量より多くなると考えられるが，実際は雌雄の遺伝子の発現量は一定に保たれる．雄ヘテロ XY 型の生物における遺伝子量補償の方法としては 2 通りが考えられる．一つは，雌の X 染色体一つを不活性化する方法であり，もう一つは，雄の X 染色体の発現量を 2 倍にする方法である．実は，生物種ごとにいずれの戦略も採用されており，ヒトを含む哺乳類においては前者が，ショウジョウバエにおいては後者の戦略がとられている．
　哺乳類の遺伝子量補償のメカニズムとして初めて X 染色体の不活性化という概念が提示されたのは三毛猫の模様の遺伝に関する研究である．半世紀以上前，三毛猫の細胞の観察から，雌の細胞のみに見られる X 染色体由来のバー小体と呼ばれる構造物が発見された [35]．

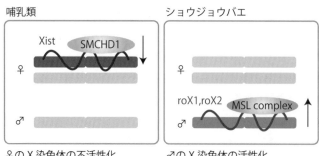

図 4.7　生物種による遺伝子量補償の違い

　M. Lyon は，バー小体は不活性化された X 染色体であると考え，まだらの毛色の遺伝が「胚発生初期に雌の 2 本の X 染色体のうち 1 本がランダムに不活性化される」と仮定すると説明できることも示した [36]．このことから X 染色体の不活性化は，提唱者の名前から，ライオニゼーションとも呼ばれている．

　X 染色体不活性化の原因遺伝子は，X 染色体における転座や欠失の解析から X 染色体上のある特定の領域に存在することがわかった．その後，原因遺伝子の絞り込みを行った結果，見つかったのが *Xist* 遺伝子であった [37]．*Xist* はヒトのみならず，マウスにおいても保存されていたことから，哺乳類の X 染色体不活性化の原因遺伝子なのではないかと推測された [38,39]．その後の解析の結果，*Xist* はタンパク質ではなく，ノンコーディング RNA を産生することがわかった．驚くべきことに，Xist RNA は不活性化状態にある X 染色体全体に局在することが判明した [40-42]．さらに，マウスを用いた実験から，*Xist* は，発生初期にはどちらの X 染色体からも微弱に発現するにもかかわらず，細胞分化が進むと，ある時期を境に不活性化される X 染色体側のみが *Xist* に覆われ，バー小体が形成されるという変遷を見せることが示された [41,42]．また，バー小体が，高度にヘテロクロマチン化された X 染色体であることから，*Xist* の一方の X 染色体全体への局在が引き金となり，さまざまなクロマチン制御因子（SMCHD1 や HBiX1 など）を呼び込むことでヘテロクロマチン化を引き起こし，片方の X 染色

体が不活性化されると考えられている（図 4.7 左）．しかし，不活性化される X 染色体がどのように選択されるかなど，明らかになっていない問題も数多く残されている．

(ii) roX

ヒト XIST が同定される中で，ショウジョウバエの遺伝子量補償に関与する *msl* 遺伝子群の一つとして見つかったのが *roX* である [43,44]．

ショウジョウバエの roX1，roX2 は長鎖のノンコーディング RNA であり，X 染色体上に特異的に存在するが，ヒトやマウスの Xist と大きく異なるのが，雄特異的に発現し，雄の X 染色体上に分布する点である [42]．さらに，*roX* は雄の X 染色体上に広がってもバー小体様の構造物は形成されないため，*Xist* とは異なり，X 染色体の発現量を倍にすることによって遺伝子量補償を行うと考えられた．その後の研究の結果，roX RNA は，オスの X 染色体に局在し，H4 ヒストンアセチル化酵素やヘリカーゼを含む MSL 複合体を構成することで，エピジェネティックに遺伝子の発現量を上昇させることで遺伝子量補償を行うことが示唆された（図 4.7）[45,46]．これは，長鎖ノンコーディング RNA とエピジェネティクスを結びつける重要な発見となった．

(iii) HOTAIR

長鎖ノンコーディング RNA とエピジェネティクスの関連性をより強く印象づけたのは，HOTAIR の発見である [47]．動物の胚発生の初期における体軸形成に関与するホメオティック遺伝子クラスター *HOXC* から転写される HOTAIR は，異なる染色体上の *HOXD* 遺伝子群を抑制しており，HOTAIR の欠失では脊椎，中手骨，手根骨の形成異常が生じる，体軸形成に重要な長鎖ノンコーディング RNA である [48]．HOTAIR は *HOXD* 遺伝子の発現をエピジェネティックに制御しており，*HOXD* 遺伝子上にヒストンメチル化酵素 PCR2 を誘導することで，ヒストン H3K27 をトリメチル化する．H3K27me3 は抑制型ヒストンマークであり，これを認識した PRC1 がさらなるヒストン修飾を引き起こすことによって *HOXD* 遺伝子が抑制され

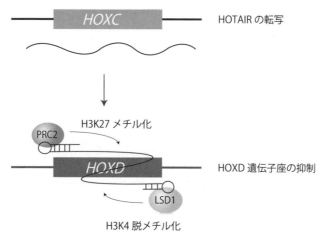

図 4.8　HOTAIR による遺伝子抑制機構

る．また，HOTAIR は転写促進型ヒストン修飾である H3K4me3 の脱メチル化酵素 LSD1 も誘導することで，さらなる抑制効果をもたらしていると考えられている．この発見以降，さまざまな核内長鎖ノンコーディング RNA がヒストン修飾因子を介して遺伝子の発現を制御している例が報告されるようになった（図 4.8）．

(2) 核内構造体関連長鎖ノンコーディング RNA

(i) meiRNA

　meiRNA は分裂酵母の *sme2* 遺伝子から転写される 1000 塩基以上の長鎖ノンコーディング RNA である．変異体解析の結果から，meiRNA は分裂酵母の 減数分裂 を制御する Mei2 の機能に必要な長鎖ノンコーディング RNA であり，さらに Mei2 と meiRNA は相互作用していることがわかってきた [49]．Mei2 には 体細胞分裂 を繰り返す細胞の細胞周期を減数分裂に切り替え，さらに減数分裂の第 1 分裂を開始させる働きがあり，meiRNA は Mei2 と複合体を形成することで減数分裂第 1 分裂を誘導する．

　meiRNA は転写されても *sme2* 遺伝子座から解離せず，Mei2 とともに核

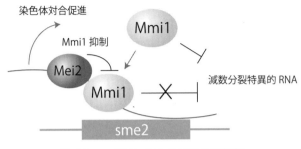

図 4.9　meiRNA による減数分裂制御

内構造体 Mei2 dot を形成する．減数分裂第 1 分裂の開始に寄与する Mmi1 タンパク質は，減数分裂初期から中期にかけて発現する遺伝子の転写産物の多くに見られる DSR (determinant of selective removal) と呼ばれる塩基配列を特異的に認識する．Mmi1 は，減数分裂初期にそれらの RNA を エキソソーム に誘導することで，減数分裂初期の遺伝子発現を抑える．meiRNA もまた DSR 配列をもち，さらに Mmi1 も減数分裂期には Mei2 dot に局在することから，meiRNA は Mmi1 を Mei2 dot へとどめ，そこで Mei2 が Mmi1 機能を抑制すると考えられる（図 4.9）．

近年，減数分裂とは関与しない，染色体対合への meiRNA の関与も報告された．実際 meiRNA をコードする sme2 遺伝子座では他の遺伝子領域と比較しても対合しやすいという傾向が見られており，この対合が起こりやすくなる機構に meiRNA が関与するという知見が得られている [50]．このように，meiRNA は解析の進んだ長鎖ノンコーディング RNA ではあるが，未解明の課題が多く残されており，今後の解析が待たれる．

(ii) MALAT1

MALAT1 は高転移性肺がん細胞で高発現している RNA として同定された 8000 塩基程度の長鎖ノンコーディング RNA である [51]．

MALAT1 の特徴として挙げられるのは，核スペックルと呼ばれる核内構造体に局在する点である．核スペックルには，スプライシング関連因子や未成熟 mRNA が多く含まれるため，遺伝子発現に重要な役割を果たすと考え

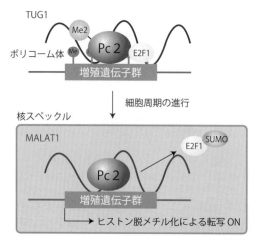

図 4.10　核スペックルにおける MALAT1 の機能

られているが，その形成メカニズムは解明されていない．

　MALAT1 そのものは核スペックルの構造に影響を与えないが，そこで多くのスプライシング因子を吸着することで，選択的スプライシングに関わることが最初に報告された．その後 MALAT1 はさまざまな機能を担うことが報告されたが，中でも代表的な機能としては，細胞増殖に関する遺伝子の転写制御がある．正常細胞において，細胞増殖は厳密にコントロールされており，増殖因子の過剰発現などは細胞のがん化につながる．そのため，通常状態で，転写因子である E2F1 により転写が制御される細胞増殖関連遺伝子群は，転写抑制性核内構造物であるポリコーム体に位置し，抑制状態が維持されている．また転写因子 E2F1 は，転写制御やストレス応答などに関わる 翻訳後修飾 である，SUMO タンパク質の結合（SUMO 化）により，その活性が制御されているため，ポリコーム体では，E2F1 の SUMO 化を触媒する Pc2 が，メチル化によって不活性化されている [52]．ポリコーム体にメチル化 Pc2 をとどめる働きをもつと考えられるのが，ポリコーム体に局在する TUG1 という長鎖ノンコーディング RNA である [53]．しかし増殖刺激があると，Pc2 は脱メチル化されて活性型となり，転写が行われるクロマチン間領域（ICGs）に局在する MALAT1 と結合すると，細胞増殖関連遺

伝子群もまた，ICG にその局在を移す．さらに，活性型 Pc2 と Malat1 の結合は，E2F1 の SUMO 化を誘導し，細胞増殖関連遺伝子の転写を活性化すると考えられる．（図 4.10）．

(iii) NEAT1

NEAT1 は，核内構造体パラスペックルの形成に重要な長鎖ノンコーディング RNA である．パラスペックルは PSP1，RBM14，NONO などの RNA 結合タンパク質を含む核内構造体で，遺伝子発現に寄与することが報告されているものの，その機能は明らかになっていない [54]．パラスペックルは RNase 処理によって消失することから，その構造維持には RNA が関わると考えられていたが，その構造維持に関与する長鎖ノンコーディング RNA こそが NEAT1 である [55-58]．

NEAT1 には長さの異なる NEAT1_1 と NEAT1_2 という二つのアイソフォームがあり，いずれも同一プロモーターから転写される．このうち，長いほうの NEAT1_2 こそがパラスペックル形成に必須である．NEAT1_1 は RNA ポリメラーゼ II に転写され，3′ 末端にはポリ A が付与している．それに対し，NEAT1_1 の転写終結点よりもさらに転写が進み，RNaseP により切断されトリプルヘリックス構造をとると NEAT1_2 となる．NEAT1 にはパラスペックルタンパク質が結合して，RNA タンパク質複合体 RNP を形成し，それらが会合することによりパラスペックルが構成される [59]．

これまでの知見で，パラスペックルは Alu 逆位反復配列をもつ mRNA を核内にとどめる機能がわかっている [58]．また，ストレス条件下では，NEAT1 の発現上昇とともにパラスペックルが肥大化する．肥大化したパラスペックルには転写因子をはじめとする核内タンパク質が取り込まれている [60]．これらのことから，現在，転写因子などの mRNA をパラスペックル内へ係留することによって，それらの発現を制御するというメカニズムが提唱されている（図 4.11）[58,60]．

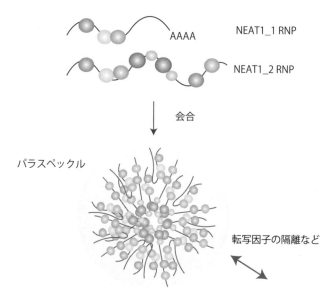

図 4.11　NEAT1 によるパラスペックル形成

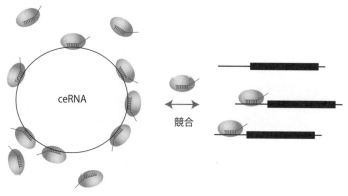

図 4.12　ceRNA による miRNA の競合阻害

(3) 細胞質長鎖ノンコーディング RNA

(i) ceRNA

　細胞質に存在し，構造そのものに特徴をもつ環状 RNA (circRNA) もまた，現在着目されている長鎖ノンコーディングの一つである．環状構造をもつ RNA 自体は，ウイルスのゲノムなどには古くから見つかっていたが，mRNA のスプライシングからできる circRNA は，ただの副産物であって，特に生理的な機能はもたないと考えられてきた．しかし，近年のトランスクリプトーム解析により，一部の circRNA には種間で保存性があることが明らかになった．

　ciRS-7 / CDR1AS[58] は機能性 circRNA の代表例である．ciRS-7 は miRNA に相同的な塩基配列を複数もち，細胞内で miR-7 と共局在するため，miRNA の 分子スポンジ としての機能をもつのではないかと考えられた．実際，miR-7 の活性を抑える機能をもっていることが実験的に示された [61,62]．この種類の RNA は ceRNA と総称される（図 4.12）．

4.3　piRNA の諸相

4.3.1　piRNA の素性と特徴

　「利己的な遺伝子」として知られるトランスポゾンは，ゲノム中の任意の領域に自身を挿入することで遺伝子の破壊や異所的な組換えを誘発し，ゲノムの不安定化を引き起こす [63]．そのため有性生殖を行う生物は，生殖組織特異的にトランスポゾンの発現を抑制するための仕組みとして PIWI-interacting RNA (piRNA) を介した RNA サイレンシング機構を獲得したと考えられる．

　前述したとおり，piRNA は小分子 RNA の一種であり，24〜30 塩基程度と，siRNA と miRNA に比べやや長いという特徴を有する [7,64]．また，piRNA は Argonaute ファミリータンパク質のうちの PIWI サブファミリータンパク質と相互作用する小分子 RNA と定義される．PIWI サブファミリータンパク質は生殖組織特異的に発現する Argonaute ファミリータンパク質

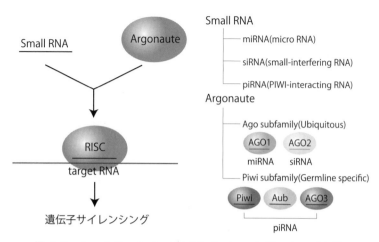

図 4.13　ショウジョウバエの PIWI サブファミリータンパク質

であり，ドメイン構造は他の Argonaute ファミリータンパク質と同じであるが，そのアミノ酸配列の 相同性 からも AGO と分別することができる [65].

piRNA の特徴としては，5′ 末端の塩基が U であるものが多く，miRNA と同様にモノリン酸をもつということが挙げられる．3′ 末端のリボースが HEN1 / Pimet により 2′-O-メチル化されていることも特徴の一つである [66].

PIWI サブファミリータンパク質は生物種によりその数が異なり，ショウジョウバエは Piwi, Aub, AGO3, マウスは Miwi, Miwi2, Mili の 3 種類であるのに対し，ヒトなどでは Hiwi, Hili, Piwll3, Hiwi2 の 4 種類をもつ [65,67-71]. piRNA の成熟や抑制にはこれらの PIWI タンパク質は必須であり，これらをもたない欠損個体では，プロセシングを受けた成熟 piRNA は不安定化し，その結果として標的遺伝子の抑制も起こらない．

PIWI サブファミリータンパク質も，他の Argonaute ファミリータンパク質と同様に スライサー活性 をもつ [72,73]. piRNA と piRISC を形成した PIWI タンパク質は，対合した標的 RNA を切断することにより抑制に働く [72]. しかし，必ずしもスライサー活性を用いて抑制を行っているわけではなく，その piRNA の相補性を利用することで特異的配列を認識し，機能性

タンパク質の足場になることで抑制する場合もある（図4.13）．

今，最もpiRNAについての理解が進んでいる生物種はショウジョウバエであるため，以下，piRNA研究の歴史に触れつつ，ショウジョウバエの卵巣におけるpiRNA経路に焦点を当てて解説する．また，「ナノバイオ・メディシン」という本書のテーマに沿い，医学的応用の見地に立って，ヒトと同じ哺乳類で研究の進んでいるマウスのpiRNAについても触れ，最後に，将来的には医学的応用も期待される人工piRNAについても解説する．

4.3.2 piRNAの歴史

piRNAは，PIWIサブファミリータンパク質と複合体を形成する生殖細胞特異的な小分子RNAと定義されるが，PIWIサブファミリータンパク質との関係性が明らかになるより前の2003年に，すでにpiRNAに相当する小分子RNAは発見されていた[7,63,74]．それは，ショウジョウバエの精巣と胚で多く発現し，転移因子の一種であるレトロトランスポゾンをはじめとする繰り返し配列由来の小分子RNAとして報告されたrasiRNA (repeat-associated siRNA) である[74]．後の解析により，rasiRNAはPIWIサブファミリータンパク質と結合することが明らかになったことで，rasiRNAは改めてpiRNAと呼称されるようになった[75]．

一方，PIWIサブファミリータンパク質は，その流れとは別に生殖細胞の研究において見つかった．最初に見つかったのが Piwi (P-element induced wimpy testis) であり，これは雌雄生殖幹細胞の形成と維持に異常をきたす原因遺伝子として同定された[76]．また，雄の稔性の研究において，X染色体上の Ste (Stellate) の発現が精巣形成異常をもたらすことが知られており，雄のY染色体上にある Ste を抑制する Suppressor of Stellate(Su(ste)) が正常な精子形成に必要なことがわかっていた[77]．

さらに，Su(Ste) と同様，Ste の抑制に働く遺伝子が同定されたが，それが2番目に見つかったPIWIタンパク質をコードする遺伝子である aub であった[67]．

その後の解析で Su(Ste) 遺伝子がセンス鎖とアンチセンス鎖の両方向から転写されるということが明らかになり，続いて aubergine(aub) の変異体解

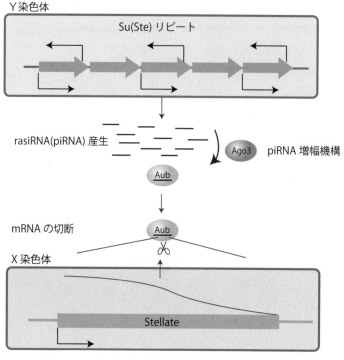

図 4.14　ショウジョウバエの精巣における piRNA

析により，*aub* の欠損により *Su*(*Ste*) と *Ste* のセンス鎖の発現が上昇することがわかった [78,79]．さらに，Aub タンパク質にも *in vitro* でのスライサー活性があることが示されたことによって，*Ste* のアンチセンス鎖からできる piRNA (Su (ste) piRNA) が，*Ste* のセンス鎖 mRNA をスライサー活性によって抑制すると考えられた [80]．

そして，ゲノム解読の結果，もう一つの *Piwi* 相同遺伝子由来のタンパク質として，3 番目の PIWI サブファミリータンパク質，AGO3 も見つかった [68]．実際，AGO3 も *Su*(*Ste*) 由来の piRNA の増幅に寄与することもわかった（精巣の Piwi に関しては生殖幹細胞に隣接するハブ細胞に特異的に発現しており，*Ste* の発現には影響を与えなかった [75]．このことは各 PIWI サブファミリータンパク質の機能が異なる可能性を示唆した）（図 4.14）．

これらのことから，生殖幹細胞形成や維持と，レトロトランスポゾン由来の小分子 RNA, rasiRNA との関連性が強く示唆された．

このように，piRNA 研究の端緒を開いたのは，ショウジョウバエの精巣の研究であったが，現在，その扱いやすさから，ショウジョウバエの卵巣についての研究が急速に進んでいる．以下の内容は，ショウジョウバエの卵巣の研究から得られた知見である．

4.3.3 ショウジョウバエ卵巣における piRNA 依存的トランスポゾン抑制機構

ショウジョウバエの卵巣は，生殖細胞とそれを取り囲む生殖系体細胞から構成される（図 4.15）．生殖細胞においては，Piwi, Aub, AGO3 の三つの PIWI サブファミリータンパク質が発現する [75,80-83]．一方，生殖細胞を取り囲む生殖系体細胞では Piwi のみが発現する [75,81,83]．

生殖細胞では，細胞質でトランスポゾンの mRNA を切断することにより転写後抑制が，核質ではトランスポゾンの転写抑制が行われている [68,83]．前者の転写後抑制の中心的な役割を果たすのが Aub, AGO3 であり，後者の転写抑制は Piwi に依存する [68,79-84]．この Aub と AGO3 におけるトランスポゾン mRNA の切断反応は，piRNA 生合成経路の一種であるピンポン経路の機動力であることがわかっている [80-83]．一方，生殖系体細胞には Aub, AGO3 は発現していないためピンポン経路は起こらない [75-83]．

piRNA の生合成は siRNA と miRNA とは異なり，piRNA は Dicer 非依存的に生成される．これは piRNA の前駆体が一本鎖 RNA であるためである [7,64,75,79,85,86]．

piRNA 前駆体は piRNA クラスターと呼ばれる piRNA をコードする領域から一本鎖 RNA として転写された後，細胞質へ輸送され，細胞質においてプロセシングを受ける [64,81,87-90]．プロセシング経路は生殖細胞と生殖系体細胞で随所に異なるところがあるが，生殖細胞においても生殖系体細胞においても，前駆体の 5′ 側からエンドヌクレアーゼにより piRNA が切り出される [87-90]．これを一次生合成と呼び，合成された piRNA を一次 piRNA と呼ぶ．残った前駆体の 3′ 側からも次々と piRNA が切り出される．このように連続して piRNA が切り出される現象はフェージングと呼ばれる

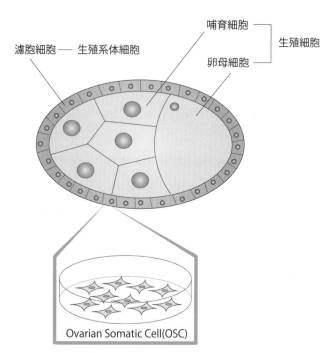

図 4.15 ショウジョウバエの卵巣

[91,92].

　一次 piRNA は，生殖細胞では主に Aub，生殖系体細胞では Piwi と RISC を形成する [91]．生殖細胞において，Aub-piRISC はピンポン経路の引き金となる [81,82]．　次 piRNA をもった Aub-piRISC は，細胞質のトランスポゾンの mRNA をとらえ AGO3-piRISC と交互に標的 RNA を切断することによって piRNA を量産する [81,82]．ピンポン経路は piRNA 増幅機構でもあり，かつトランスポゾンの抑制機構である点，興味深い．さらにピンポン経路により生じた，前駆体の 3′ 由来の切断産物からもフェージングで piRNA は生産され，Piwi や Aub などに取り込まれる [91,92]．成熟した Piwi-piRISC は核内に運ばれ転写を抑制する [75-83]．

　以下，piRNA 生合成から抑制まで，(1) piRNA 前駆体の転写，(2) piRNA のプロセシング，(i) 一次生合成経路，(ii) ピンポン経路，(iii) フェ

ージング，(3) Piwi によるトランスポゾン転写抑制の順に詳しく解説する．

(1) piRNA クラスター

近年，次世代シーケンサーによる解析により，piRNA の配列が集中している領域がゲノムに存在することがわかった [63,81]．これを「piRNA クラスター」という．piRNA クラスターは長いものでは数百 kb にもわたり，一本鎖 RNA として転写され，プロセシングを受けることで piRNA が産生される [63,81]．

ショウジョウバエにおいて piRNA クラスターは 2 種類に分類され，一つは一本鎖の single-stranded piRNA クラスターであり，もう一つはセンス鎖とアンチセンス鎖の両方からそれぞれ前駆体が転写される dual-stranded piRNA クラスターである [63]．どちらの piRNA クラスターも RNA ポリメラーゼ II により転写されるが，dual-stranded piRNA クラスターは通常の mRNA の転写とは異なり，明確なプロモーターを欠いていること，5′ メチルグアノシンキャップが存在しないこと，明確な転写終結が見られないこと，そしてスプライシングを受けないことがわかっている [93]．このことから，piRNA 前駆体の転写は隣接する遺伝子の読み飛ばしに依存しているか，あるいは通常の mRNA の転写システムによらずに転写されている可能性が示唆された [93]．

dual-stranded piRNA クラスターの転写には Rhino，Deadlock，Cutoff という三つのタンパク質からなる RDC 複合体が重要な役割を果たす [93]．piRNA クラスターのヒストンは H3K9me3 修飾を受けており，その修飾を Rhino が認識する [93]．通常 H3K9me3 は抑制型であるが，Rhino の認識を受けた piRNA クラスターは Pol II による転写が開始し，転写産物の分解，スプライシングの抑制は Rhino と相互作用する Deadlock を介して Cutoff が担うことで，異なる特徴をもつ転写産物が合成される [93]．一方で，single-stranded piRNA クラスターに関しては，RNA Pol II によって転写されること以外は未解明のままである（図 4.16）．

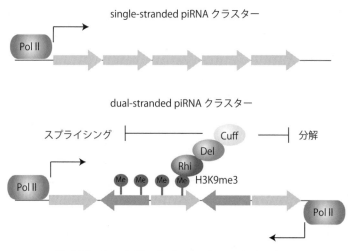

図 4.16 ショウジョウバエの piRNA クラスター

(2) piRNA プロセシング

(i) 一次生合成経路

　この経路は生殖系体細胞の Piwi-piRNA や，生殖細胞でピンポン経路の引き金となる Aub-piRNA を生合成するための経路である．生殖系体細胞では，piRNA クラスターから転写された一本鎖 RNA は細胞質で Yb タンパク質と結合し，Flam body と呼ばれる細胞質凝集体に集積される [94-97]．その後，piRNA プロセシングの場である Yb body で成熟型 piRNA となる．Flam body と Yb body は多くの場合隣接して存在する [94]．また，Yb body における piRNA 成熟化反応にはホスホリパーゼ D ファミリーに属する Zucchini (Zuc) という因子が関わる [87-90]．

　Zuc 遺伝子は雌不妊遺伝子として同定され，Zuc の変異体では成熟 piRNA の合成量が著しく低下することから，Zuc は生合成に必須な遺伝子であると考えられた [87,88]．Zuc の解析の結果，Zuc はミトコンドリアの表面に二量体を形成して局在するということが明らかになった．Zuc は大腸菌ヌクレアーゼである Nuc と高いアミノ酸配列相同性を示したため，Zuc が ヌクレアーゼ として働き，前駆体から piRNA を切り出すのではないかと考えら

4.3 piRNA の諸相　　123

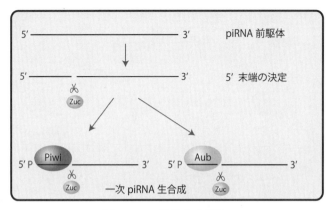

図 **4.17**　一次生合成経路

れるようになった．実際，組換えタンパク質を用いた機能解析により，二量体を形成した *Zuc* は一本鎖 RNA 特異的な切断活性を示したことから仮説は確かめられた [89,90]．*Zuc* のもつホスホリパーゼ活性も piRNA の成熟には必須であり，成熟 piRNA のもつ 5′ 末端のモノリン酸基は *Zuc* の切断作用によって形成される [89,90]．

Yb の他にも Yb body の構成因子としては Armitage や SoYb などが知られるが，その役割はいまだ不明である（図 4.17）．

(ii) ピンポン経路

生殖細胞のみに発現し，生殖系体細胞には発現していない PIWI サブファミリータンパク質である，Aub と AGO3 がもつ piRNA を網羅的に解析したところ，それらのもつ piRNA は 5′ 末端から 10 塩基の相補性をもつということが明らかになった [81,82]．Argonaute ファミリータンパク質のもつスライサー活性は，相補的な配列の 5′ から 10 番目と 11 番目の間で切断するという特徴をもつが，Aub のもつ piRNA の 5′ 末端の塩基が U のものが多く，それに対して AGO3 の 10 番目の塩基は，U に相補的な A が多いという特徴が見られた [81,82]．さらに，Aub のもつ piRNA は，piRNA クラスター由来の，トランスポゾンに相補的な配列をもっており，それに対し，AGO3 のもつ piRNA は標的となるトランスポゾン由来のものである．このことは，

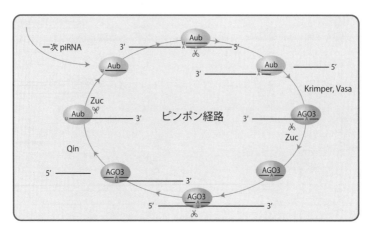

図 4.18　ショウジョウバエのピンポン経路

AGO3 のもつ piRNA は，抑制されたトランスポゾン mRNA の副産物であるにもかかわらず，Aub の piRNA のプロセシングにも働く可能性を示していた [81,82]．これらのことをあわせて考えた結果，Aub と AGO3 はお互いのもつ RNA を互いに切り合うことにより piRNA を量産するというモデルが立てられた [81,82]．

　piRNA クラスターから転写された piRNA 前駆体は，細胞質において一次生合成経路により成熟し，Aub-piRISC を形成する．この Aub-piRISC がターゲットのトランスポゾンの mRNA を切断することが引き金となり，以下に示す増幅機構が働く [81,82]．切断された 3′ 側の RNA は直ちに AGO3 に積み込まれ，3′ 側がプロセシングされることにより AGO3 の piRNA も成熟する [81,82]（最近，このプロセシング反応も Zuc が担っていることが示唆された [91]）．次に AGO3-piRISC は，以後，相補的な piRNA クラスター由来の RNA を切断することにより piRNA のプロセシングに寄与する．このように，互いに RNA を受け渡しあうことでプロセシングする二次生合成経路は，スポーツの卓球になぞらえて，ピンポン経路と呼ばれている．

　ピンポン経路に必須な因子として，Vasa が同定されている [98,99]．Aub-piRISC により相補的に結合したターゲットの RNA は切断されてもそこにとどまるため，そのままでは新たな基質が結合できず，増幅機構が停止す

る．Vasaはそれを防ぐ因子であり，切断後のターゲットRNAを素早く解離する働きを担う[98,99]．KrimperやQinも，この経路に関与する．KrimperはAGO3のジメチル化とpiRNAの結合を促進し，QinはAub同士のピンポンを抑制する機能をもつ（図4.18）[100-102]．

(iii) フェージング

長いpiRNA前駆体から連続して成熟piRNAが切り出される現象をフェージングと呼ぶ[91,92]．これまで，5′のモノリン酸化の傾向から，Zucは5′末端を決定することはわかっていたが，3′末端を決定するものは別な因子であると考えられてきた．しかし，フェージングの発見により，両末端ともZucによって決定される可能性が示唆された[91,92]．

一次経路において，Piwiに結合したpiRNA前駆体はZucにより切断を受ける．この反応によってpiRNAの3′末端が形成される．さらに，それにより生じた3′側のpiRNA前駆体にもPiwiが結合することにより，再びpiRNAが生産される，という反応が繰り返され，piRNAが3′末端方向連続して生産される．

また，二次経路において生じる3′由来の産物もフェージングによりpiRNAの生産に用いられる[91,92]．このように，ZucはpiRNAの両末端の形成に機能する因子であり，これまでに示した一次生合成経路，ピンポン経路において生じると考えられていた切断後の3′側の中間産物もpiRNAによるトランスポゾン抑制機構に効率的に利用されていることが明らかになった（図4.19）．

(3) Piwi-piRISCを介したトランスポゾンの転写抑制機構

核内に輸送されたPiwi-piRISCがトランスポゾンを抑制する仕組みの全貌は，近年明らかになりつつある．当初，核内のPiwi-piRISCは，スライサー活性を用いて転写直後のRNAを切断することにより，トランスポゾンの発現を抑制すると考えられていた．しかし，スライサー活性がないPiwiでも野生型と同様，転写レベルでトランスポゾンを抑制したことから，核内Piwi-piRISCによるトランスポゾンの抑制はPiwiのスライサー活性非依存

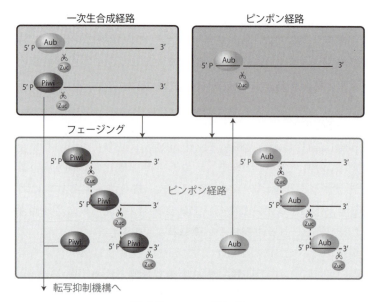

図 4.19　フェージング

的であると判断された [100,103,104].

　そのような中，gypsy-lacZ レポーターを組み込んだショウジョウバエ卵巣を用いて Piwi-piRISC を介したトランスポゾンの抑制機構に必須な因子が複数同定された [105,106]．この中で特に着目されたのが，H3K9me3 の修飾酵素 Eggless や H3K9me3 を認識し，ヘテロクロマチン化を引き起こす HP1a などのエピジェネティクス関連因子であった．そこで，Piwi を RNAi 法により発現抑制したショウジョウバエ卵巣由来体細胞株 OSC を用いて，ChIP 法による解析が行われたが，Piwi をノックダウンした細胞では，mdg1 の発現上昇とともに mdg1 領域近傍における H3K9me3 の修飾レベルの大幅な減少が見られることが判明した [105,109]．

　上述のように，分裂酵母では，AGO1 が siRNA と RISC を形成する．そして，核内において転写中の産物をその相補性を利用して認識し，転写が行われている領域に H3K9me3 修飾酵素である Clr4 を含む CLRC 複合体 (Clr4 metyltransferase complex) を呼び込む [23,109,110]．こうして，その領域の H3K9 がトリメチル化修飾を受けることにより，その修飾を認識する

因子によってヘテロクロマチン化が行われ，転写が抑制される [23,109, 110]．現在，ショウジョウバエの piRNA による転写レベルでのトランスポゾンの抑制は，この分裂酵母の siRNA を介した遺伝子発現の転写抑制機構に類似しているのではないかと考えられている．実際，Piwi-piRNA による抑制には，トランスポゾンが転写されていることが必要であることがすでに明らかになっている [108]．

Piwi-piRISC の転写抑制反応に関わる因子は，個体を用いた遺伝子スクリーニングによっても同定されている．同定された因子を OSC においてノックダウンすると，*mdg1* トランスポゾンの発現上昇が見られることから，因子の重要性がうかがえる [105]．これらの因子は，第一次 piRNA 生合成経路に関わる因子（生合成因子）と，核内でトランスポゾンの抑制反応に関わる因子（エフェクター因子）に分けることができる [95-97,111]．Armitage や Yb などの生合成因子の発現を抑制すると，成熟 piRNA 量の減少が見られる [98]．それに対し，エフェクター因子の発現抑制では，成熟型 piRNA の合成量に変化は見られないにもかかわらず，トランスポゾンが上昇する [98]．成熟型 piRNA と piRISC を形成していない Piwi は核へ移行しないが，エフェクター因子を発現抑制しても Piwi の核移行は見られる．エフェクター因子の中でも特に解析が進んでいるのが GTSF1 (Asterix)(gametocyte-specific factor 1) と Maelstrom (Mael)，そして，Panoramix(Silencio) である [112-115]．

GTSF1 はマウス精巣において，トランスポゾンの発現抑制に関わる因子として同定された [112]．GTSF1 ノックアウトマウスでは，トランスポゾン領域の DNA メチル化が起こらず，精母細胞の減数分裂時にトランスポゾンが上昇し，不妊となる．この表現型は，マウス PIWI タンパク質である Mili や Miwi の変異体の表現型とよく似ていることから，GTSF1 の piRNA 経路における機能が推察されたが，その機能は不明であった．GTSF1 のショウジョウバエホモログ DmGTSF1 (CG3893) を OSC でノックダウンすると *mdg1* トランスポゾンの発現が上昇するが，piRNA の量に変化は見られない [112,113]．また，DmGTSF1 は核内に局在する因子であり，Piwi との直接相互作用も観察された [112,113]．これらの結果から，DmGTSF1 は

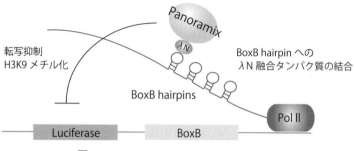

図 4.20　BoxB-λN テザリングシステム

piRNA 生合成因子ではなく，エフェクター因子であることが強く示唆された．さらに GTSF1 をノックダウンした OSC を用いた ChIP 解析から，GTSF1 もやはり Piwi による H3K9me3 の変遷に関与する因子であるということがわかった [112,113]．

　Mael も DmDTSF1 と同様に遺伝学的な解析から piRNA 関連因子であることが示唆された [105-107]．しかし，DmDTSF1 と異なり，Mael は核の内外に局在するタンパク質であるため，生合成因子なのか，エフェクター因子なのかを予想することは困難であった．しかし，OSC において Mael をノックダウンすると，mdg1 トランスポゾンの上昇が見られるが，成熟 piRNA の合成量や Piwi の核移行には影響を与えないことから，Mael も DmGTSF1 と同じくエフェクター因子であると結論づけられた [108]．Mael は，MAEL ドメインと HMG ボックスという二つのドメインをもつ．Mael のもつ MAEL ドメインは RNase 活性を示し，OSC における回復実験から，核内におけるトランスポゾン抑制機構には MAEL ドメインのみで十分であることがわかった [117]．しかし，RNase 活性を欠損させた MAEL ドメインもトランスポゾンを抑制するため，MAEL ドメインの RNase 活性はトランスポゾンの抑制には関与しないようである [117]．MAEL ドメインがトランスポゾン抑制に対しどのように寄与するかは，いまだ明らかになっていない．また，Mael をノックダウンすると，H3K9me2 の修飾パターンには若干の影響を与えるものの，その他のヒストン修飾レベルにはほとんど影響を与えない [108]．Mael は，今なお謎に包まれた piRNA 関連因子であると言える．

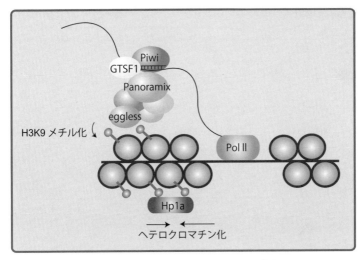

図 4.21 piRNA によるトランスポゾン転写抑制モデル

　Panoramix は，Piwi によるトランスポゾンの抑制に重要な因子として報告されたが，いまだ機能未知のタンパク質で，ドメイン構成も不明である [114,115]．Bbox-λN システムを用いて Panoramix をレポーター遺伝子からの転写産物に係留したところ，レポーター遺伝子は抑制され，また，その領域の H3K9me3 の修飾レベルも上昇した（図 4.20）[114,115]．一方，Piwi や GTSF1 を RNA 上に係留した場合，抑制は起こらなかった [114,115]．このことから，Piwi による抑制は，最終的に Panoramix をその領域に誘導することで引き起こされることが示唆された．また，その状態で Eggless やその他のヒストン修飾因子をノックダウンしてもレポーター遺伝子を抑制することができなかったことから，Panoramix はこれら修飾因子の足場として機能すると推察された（図 4.21，4.22）[114,115]．

4.3.4　マウス piRNA

　piRNA はさまざまな生物種で存在が確認されてきたが，哺乳類の中ではマウスの研究が最も進んでいる．マウスでは，生殖細胞の分化の段階によって発現する piRNA の種類や発現する PIWI タンパク質も変化する．マウス

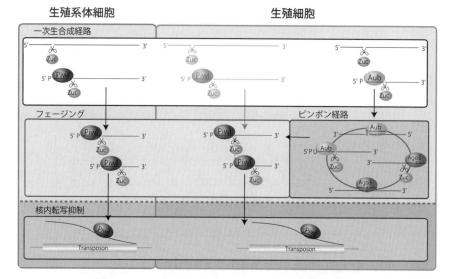

図 4.22　piRNA によるトランスポゾン抑制経路概要

の精子形成過程では，出生前には増殖を繰り返す始原生殖細胞が出生直前にプロ精原細胞（ゴノサイト）と呼ばれる G1 期が停止した状態になる．出生後精原細胞へと分化すると，減数分裂が行われ，第 1 分裂により初期精母細胞となり，第 2 分裂を経て後期精母細胞となる．

　マウスでは Miwi，Mili，Miwi2 という 3 種類の PIWI タンパク質が発現しており，Mili は精子形成過程において精原細胞の時期以外で発現し，Miwi2 はゴノサイドの時期に高発現する [69,70]．これらの PIWI タンパク質はいずれもスライサー活性を有している [118,119]．Mili と Miwi2 が高発現しているゴノサイドの時期に，これらの PIWI タンパク質に結合する piRNA の解析を行った結果，トランスポゾンと相同性のある配列をもっていることがわかった [120,121]．このプレパキテン期に発現する piRNA クラスターは主に unidirectional piRNA cluster であり，転写が一方向にのみ進行する [122]．

　Mili と Miwi2 の欠損マウスでは，減数第 1 分裂の初期で精子形成が停止するのに加え，レトロトランスポゾンの上昇が見られており，さらにトラ

ンスポゾンのゲノム領域の DNA メチル化状態が変化したことから，Mili や Miwi2 がトランスポゾンゲノム DNA を *de novo* メチル化 することにより転写を抑制していることが示された [121,122]．Miwi2 の欠損マウスではトランスポゾンのゲノム領域の H3K9me3 の修飾レベルが低下したことにより，ヒストンメチル化誘導による抑制機構も存在すると考えられている [123]．

Mili と Miwi2 は転写レベルでの抑制のみならず，ピンポン経路により piRNA の増幅を行いつつ，転写後レベルでも標的を抑制する．Mili にトランスポゾン由来のセンス鎖一次 piRNA が結合すると，piRNA クラスター由来の前駆体 RNA を認識切断し，3′ 末端側の RNA から Miwi2 と結合するトランスポゾンを認識するアンチセンスの piRNA を生産する [124]．その後，Miwi2 から Mili への piRNA 合成は起きず，Miwi2-piRISC は核内で転写抑制に働く [124]．また Mili はアンチセンスとセンスのどちらの結合も可能としているため，Mili 同士のピンポン反応が起こる [118]．一方，パキテン期 に発現する piRNA は 2 割程度がトランスポゾン領域であるものの，ほとんどは遺伝子間領域由来の配列である．パキテン期の piRNA クラスターは，unidirectional piRNA クラスター，bidirectonal piRNA クラスターのいずれも A-Myb 転写因子依存的に転写される [122]．

Miwi 欠損個体では，伸長精子細胞形成不全となる他，トランスポゾンの mRNA が増加する．解析の結果，パキテン期のトランスポゾンは，Miwi のスライサー活性により転写後レベルで抑制されていることがわかった [119]（図 4.23，図 4.24）．

4.3.5 人工 piRNA

piRNA に関する一つの大きな疑問が，piRNA クラスターからの転写産物がどのように選択され piRNA へとプロセシングされるかという問題である．それは転写される領域の問題であるのか，転写産物自体のもつ特徴であるのかは明らかになっていなかった．piRNA クラスターの多くは，テロメアやペリセントロメアなどのヘテロクロマチン領域付近に存在するが，piRNA クラスターがこの領域にあることが piRNA 生合成に重要か否かを確かめる

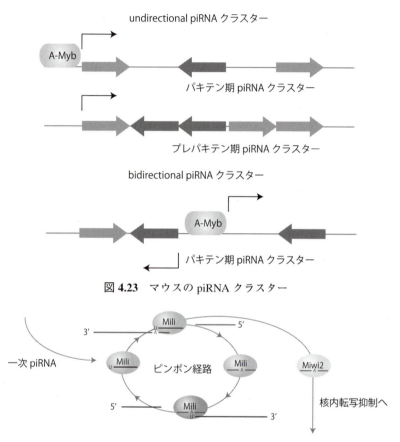

図 4.23　マウスの piRNA クラスター

図 4.24　マウスのピンポン経路

ため，*flam* (*flamenco*) と呼ばれる一次 piRNA のみを産生する piRNA クラスター（マーカーとして GFP が組み込まれている）を別の染色体のユークロマチン領域にも導入するという実験が行われた．その結果，導入した *flam* 由来の piRNA が産生された [127]．piRNA を生成するために piRNA クラスターはヘテロクロマチン領域にある必要はないと言える．

　それでは何を認識しているのかという疑問に対し，着目したのが piRNA クラスターから作られない，特定のタンパク質をコードする遺伝子の 3′UTR から産生される「genic piRNA」である．*traffic jam* は 3′UTR から

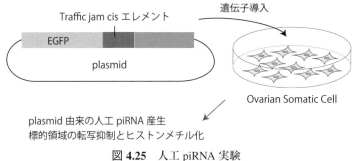

図 4.25　人工 piRNA 実験

genic piRNA が産生される遺伝子である．この遺伝子の 3′UTR を OSC に導入したところ，導入遺伝子由来の piRNA が産生された [126,127]．このことから，3′UTR に piRNA 生合成に必須な領域があると考え，その領域を絞り込んだところ，100 塩基程度の配列が必須であることがわかった [126]．この cis エレメント は，flam をはじめとする他の piRNA を産生する領域にも見つかった．このことから，Tj の cis エレメントをもつトランスジーンを導入することで，人工的に piRNA を生合成することが可能であると考えられた．実際に導入すると，piRNA は cis エレメントの下流から産生されることが明らかになった [126]．cis エレメントは Yb タンパク質によって認識されると考えられているが [126]，いまだその仕組みは解明されていない．また，ゲノムのユークロマチン領域の遺伝子に対する人工 piRNA は，OSC において，対象の遺伝子の抑制と H3K9me3 の修飾レベルの上昇を引き起こす（図 4.25）[126]．生殖細胞における特定の領域の遺伝子の発現をヘテロクロマチン化によりエピジェネティックに抑制することが可能な人工 piRNA システムは，将来的に，出生前の遺伝病の予防などの医学的応用も期待できる技術である．

4.4　ノンコーディング RNA 研究の今後の展望

21 世紀に入ると，世界の製薬会社は，製品特許の満期終了や，その後のジェネリックの台頭による競争の激化など，さまざまな問題に直面した．これらの問題を打開するため，多くの会社が新薬の開発によりいっそう力を入

れるようになった．そのような現状の中，従来の医薬品では治療不可能な病気の治療や予防を可能にするかもしれない RNA 創薬は世界的に注目されている．今や研究開発の対象とするものは siRNA だけではなく miRNA にも及び，メガファーマは，2005 年頃には，アルナイラム社などの特許技術を有する企業や，大学などの研究成果をもとに作られたバイオベンチャーと提携するなどして RNA 創薬にすでに着手している．しかしながら，安全規制が強化されたことなどにより開発コストがかさみ，なかなか実用化には至らないという現状がある．

そのため，まだ不明な点も数多く残されている siRNA や miRNA などの小分子 RNA などについての詳細なメカニズムを解明する基礎研究の進展は，今後の医療の発展にも重要なことであろう．

また，本章で紹介した長鎖ノンコーディング RNA は，いずれも生体内で重要な機能を果たすものであると考えられ，将来的には創薬につながる可能性も高い．そのため，それらのメカニズムの全貌解明が待たれている．

さらには，本章で焦点を当てた piRNA は，siRNA や miRNA 以上に効率的であると考えられる転写後抑制機構のみならず，生殖細胞において特定のゲノム領域にヒストン修飾因子を誘導することによるエピジェネティックな転写自体抑制機構をもつことが示唆されている．そのため piRNA は，先天的な遺伝疾患を根本的に治療できる可能性を秘めており，抑制メカニズムを明らかにする基礎研究の進展とともに，応用研究の展開も期待される．

第5章 ゲノム編集の基礎と応用

「DNA改変」の時代へ[†]

> **要約**
>
> 本章では，DNAの特定箇所を容易に改変できる方法として近年注目され，今も急速に発展を続けるゲノム編集を取り上げる．5.1節ではその発展経緯をたどりつつ，ゲノム編集のための各種ツールを俯瞰的に紹介する．5.2節では蛍光タンパク質を使って，個体の発生や病気の発生に関わる遺伝子がどのように発現するかを探る立体培養技術について解説する．

5.1 ゲノム編集の歴史と現状

 30億塩基対にも及ぶヒトゲノムDNAの特定の一箇所だけを改変するための材料を，たった数日のうちに作製でき，それを培養細胞に導入するだけで，いとも簡単に改変細胞を得ることができる——そんな時代がこんなにも早く訪れようとは，10年前，いや5年前ですら，誰も想像していなかったのではないだろうか．ゲノム編集 (genome editing) の技術進展の速度は，それほどまでに急速で，劇的である．ゲノム編集が，知る人ぞ知るマニアックな手法で，作製に多くのノウハウを必要とする「専門的技術」であったのも今は昔，現在は基本的な分子生物学の素地があれば，誰もが導入可能な技術になったと言ってよい．本節では，ゲノム編集の歴史と原理，および各種ゲノム編集ツールの概要と最近の基礎技術開発の状況について，平易かつ俯瞰的に解説する．

[†] 本章 5.1 節の内容は『医学のあゆみ』252巻2号（2015年1月10日）「ゲノム編集—基礎から応用へ」（医歯薬出版株式会社）に掲載された拙稿「ゲノム編集の基礎」を，許諾を得て一部加筆，訂正のうえ執筆したものである．

5.1.1　ゲノム編集の生い立ち

ゲノム編集については 1.2 節でも解説したが，改めてこの技術を一言で表現するとすれば，「特定のゲノム領域に DNA 二本鎖切断 (DNA double-strand break : DSB) を導入し，その修復機構 (repair mechanism) を利用して遺伝子を改変する技術」と言えるだろう．この技術が生み出された背景には，大きく分けて二つの大きなブレイクスルーが存在する．すなわち上述の前半部分，任意のゲノム領域を特異的に切断できる ヌクレアーゼ (nuclease) の開発と，上述の後半部分，DSB の修復機構を利用した遺伝子改変技術の開発である．そしてこれら二つの要素は，奇しくもほぼ同時期（1990 年代中頃）に，別々に萌芽していた．

5.1.2　第一のゲノム編集ツール——ZFN

特定の塩基配列を認識して切断する酵素と言えば，分子生物学実験でよく用いられる制限酵素 (restriction enzyme) が真っ先にイメージされる．最初に誕生したゲノム編集ツールは，まさしく制限酵素を人工的につくり上げた代物であった．ただし，制限酵素の認識配列は一般に 10 塩基未満であるため，そのままではゲノム中の特定の領域だけを切断するほどの特異性は担保できない．よって，十分な特異性を有する人工制限酵素を作製するためには，塩基認識の特異性をもたない DNA 切断ドメインに，プログラム可能な DNA 結合ドメインを融合させた キメラタンパク質 (chimeric protein) を，新たに作製する必要があった．

DNA 切断ドメインは，自然界に存在する制限酵素から取り出されて使用された．しかし，制限酵素にもいくつかの種類が存在し，一般的によく用いられる EcoRI や BamHI などの酵素は，塩基認識に関わるドメインと切断に関わるドメインとを容易に分離できないため，エンジニアリングに適さなかった．一方で Type IIS と分類される制限酵素群では，認識する配列と切断する配列が離れたところに位置しており，中でも FokI は切断ドメインだけを取り出すことが可能であったため，これを人工制限酵素に応用する試みがなされた．

5.1 ゲノム編集の歴史と現状

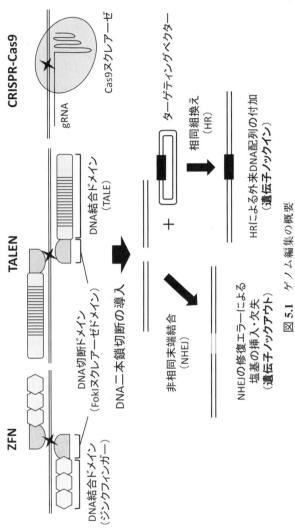

図 5.1 ゲノム編集の概要
出典：『医学のあゆみ』Vol.252(2), p147-151 (2015) より一部改変して引用．

一方のDNA結合ドメインには，生物界に広く存在するDNA結合モジュールであるジンクフィンガー (zinc finger) が採用された．ジンクフィンガーは1モジュールで3塩基を認識するため，これを二つ，三つと連結していけば，6塩基，9塩基と認識配列を長くすることが理論上可能である．これにFokIのヌクレアーゼドメインを連結させたのが，第1世代の人工DNA切断酵素として知られるジンクフィンガーヌクレアーゼ (zinc finger nuclease : ZFN) である（図5.1上段左）．

FokIのヌクレアーゼドメインは，二量体を形成してDSBを誘導するという特徴がある．そのため，たとえば，ある9塩基を認識する3フィンガー連結のZFNと，その近傍の9塩基を認識するような同じ構造のZFNを導入することにより，9×2で18塩基分の特異的な標的配列を定義してDSBを導入できることとなる．このくらいの特異性があれば，理論上すべてのゲノムDNA配列中に一箇所しか存在しない場所を狙って切断できることとなる．

5.1.3　DSB修復機構を利用した遺伝子改変

ZFNの開発と前後して，DSBの導入が外来DNAの取り込みを促進するという報告がなされた．そもそも，外来の核酸をゲノム中の任意の場所に挿入する方法としては，相同組換え (homologous recombination : HR) を利用した遺伝子ターゲティング (gene targeting) 法が以前より利用可能であった．この方法では，まず標的とするゲノム領域の上流および下流配列と相同な配列（ホモロジーアーム; homology arm）を付加しつつ，左右のホモロジーアームの間に薬剤耐性遺伝子の発現カセットを搭載したターゲティングベクター (targeting vector) を準備する．これをニワトリDT40細胞やマウスES細胞などのHRが起こりやすい細胞に導入すると，ホモロジーアームの領域を介した自然発生的なHRによって，ごくまれに外来の薬剤耐性カセットがゲノム中に取り込まれる．うまくカセットが挿入された細胞がわずかにでも存在すれば，薬剤セレクションによって陽性クローンを選抜することが可能となり，組換え細胞を得ることができるという仕組みである．

しかしながら，従来の遺伝子ターゲティング法は，上述のように偶発的

に生じる HR に依存していたため，狙いどおりに組換えが起こる頻度は低く，HR 活性の高い一部の細胞株でしか利用できない手法であった．この手法を，ヒト細胞を含むさまざまな細胞で利用可能にするためには，何をおいても HR 修復が起こりやすくなるような工夫が必要であった．他でもなく，その工夫こそが，ゲノム編集の基本コンセプトである，部位特異的な DNA 切断を引き金とした DSB 修復の誘導なのである．

　生細胞内で DSB が導入されると，主に非相同末端結合 (non-homologous end joining : NHEJ) と呼ばれる修復機構で直ちに修復を受ける．NHEJ は細胞周期非依存的な修復機構であり，その名のとおり切断末端同士の単純なつなぎ合わせによって修復される．この際の修復エラーとして，切断面で小さな塩基の欠失や挿入が導入されることがある（図 5.1 下段左）．細胞にしてみれば，生存に絶大な影響を与える DSB を即座に修復することの重要性をはかりにかけるならば，多少の塩基の挿入・欠失はやむを得ない，といったところであろうか．一方で，S 期 (synthetic phase) から G2 期にかけてのみ機能する HR 修復では，通常姉妹染色分体を鋳型として修復されるため，正確な修復が実現される（ただし反復配列などが存在する箇所ではこの限りでない）．DSB が導入された際の HR 修復が起こる頻度は，当然ながら自然発生的な HR 頻度の比ではない．このことから，人工的に目的の箇所に DSB を導入できれば，HR の頻度を高めることができ，ひいては遺伝子ターゲティングの効率を飛躍的に高めることができる（図 5.1 下段右），という着想に至ったわけである．

　なお，これらの現象は当初，メガヌクレアーゼ (meganuclease) と呼ばれる特殊な制限酵素を用いて検証されていたが，メガヌクレアーゼは認識配列の改変が極めて困難であることから，ゲノム中の特定の箇所を狙って切断できるツールにはなり得なかった（現在では徐々に可能になりつつあるようだが，それでもやはり簡単ではない）．この技術が真の「ゲノム編集」に昇華するためには，やはり自在にデザインできる人工 DNA 切断酵素の誕生と進化を待たなければならなかった．

5.1.4 ZFN から TALEN へ

　ZFN の発明と，DSB 修復機構を利用した遺伝子改変のコンセプトが交わったとき，ゲノム編集は確かに産声を上げた．NHEJ の修復エラーを利用して遺伝子のコード領域に挿入・欠失を誘導して遺伝子を破壊したり（遺伝子ノックアウト；gene knockout），HR を利用してレポーター遺伝子 (reporter gene) などを挿入したり（遺伝子ノックイン；gene knockin）する試みは，さまざまな細胞や生物個体で報告され，成功例が次々と示されていった．ただし 1996 年の ZFN の誕生 [1] とともに，日進月歩に技術開発が進んだかというとそうでもなく，ショウジョウバエに適用されたのが 2002 年，ヒト培養細胞が 2005 年，脊椎動物に至っては十数年の月日を要した（ゼブラフィッシュが 2008 年，ラットが 2009 年）．一般的な生命科学の技術開発の速度からすると，十数年というスパンは決して長くはないのかもしれない．しかし，その後のゲノム編集の発展のスピードを鑑みれば，随分時間がかかったものだというのが正直な感想である（逆に言えば，じっくりと開発を進められる平和な時期でもあった）．

　ZFN を用いたゲノム編集の技術開発に時間を要した最大の要因は，機能的な ZFN の作製の難しさであった．ジンクフィンガーは，前述のように 1 モジュールで 3 塩基を認識するが，基本的に 5′-GNN-3′ という配列を好むという特性がある．これにより，標的配列の選択に強い制限がかかる．さらに，複数のモジュールを連結すると塩基認識の特異性が変化するという特性が知られている．たとえば，あるモジュールが 5′-GAA-3′ に強く結合し，また別のモジュールが 5′-GTT-3′ に強く結合したとしても，それを連結したものが 5′-GAAGTT-3′ を認識してくれるとは限らない，ということである．こうなると，単純なつなぎ合せで機能的なジンクフィンガーアレイを作製することは至極困難であり，高性能なカスタム ZFN を得るためには，ランダマイズしたライブラリーからの複数回の大腸菌スクリーニング (bacterial screening) を経るなど，極めて煩雑な作業が必要であった [2]．

　このような事情から，ZFN は広く一般に普及するには至らず，一部の専門家らによるコツコツとした技術開発の範疇にとどまっていた．ところが，

より簡便に作製可能な次世代のゲノム編集ツールの登場によって，状況は一変する．時は2010年，第二のゲノム編集ツールであるTALEN (transcription activator-like effector nuclease；ターレン) の誕生 [3] である．

5.1.5 第二のゲノム編集ツール——TALEN

TALENは，TALEヌクレアーゼの略称であり，特定の種の植物病原細菌がもつtranscription activator-like effector (TALE) と呼ばれる転写因子 (transcription factor) 様のエフェクター (effector) タンパク質をDNA結合ドメインとして利用した人工ヌクレアーゼである（図5.1上段中央）．DNA切断ドメインとしては，ZFNと同様，FokIのヌクレアーゼドメインを利用しており，二量体を形成してDSBを誘導する仕組みも同一である．ZFNとの最大の違いは，DNA結合ドメインの扱いやすさであろう．TALEでは一つのモジュールが1塩基を認識し，その特異性は隣接するモジュールの影響を受けにくいという特性がある．TALEのDNA結合モジュールは，一つの単位が34アミノ酸からなるが，驚いたことにこのうちの12番目と13番目のアミノ酸（repeat variable diresidueの略でRVDと呼ばれる）だけが塩基認識の特異性を定義している．また，標的配列の制約もほとんどなく，唯一あるとすればN末側のドメインが認識するチミンくらいである．そのため，任意の塩基配列に対して，4パターンのDNA結合モジュールを任意の並びで連結するだけで，たやすく高品質なゲノム編集ツールを得ることができる．一般的には15〜20ほどのモジュールを連結し，左右で30〜40塩基対の特異性を有するペアとして使用される．

とは言え，RVD以外のアミノ酸の構成はほぼ同一であるため，およそ100塩基対の極めて相同性の高い配列を有するモジュールを，正確かつ効率的に多数連結するには，やはりそれなりの工夫が必要である．これまでにさまざまなグループがTALENの作製法を開発し，報告してきたが，研究室ベースで自作する上で最も優れた手法と言えるのが，Golden Gate法 (Golden Gate method) と呼ばれるアセンブリー法である．Golden Gate法では，通常の制限酵素消化・ライゲーション法と違い，事前の制限酵素処理や電気泳動による分離，ゲルからのDNAの抽出などの操作が一切不要であり，インサート

のプラスミドとベクターのプラスミドを一つのチューブ内で混合し，そこへ制限酵素と リガーゼ (ligase) を加えて消化と連結を一気に行うことができる [4]．さらに驚くべきことに，Golden Gate 法を用いれば，最大で 10 ほどのインサートを正確に，一定方向に，余分な塩基の付加なく連結することができる．原理については本書では割愛するが，非常によく考えられた，完成度の高いアセンブリー法である．

　Golden Gate 法を用いれば，15～20 程度のモジュールの連結も，2 段階のクローニングで完了させることができるため，5 日間ほどで目的の TALEN プラスミドを得ることができる．Golden Gate 法を用いて TALEN を作製するためのキットは，ミネソタ大学の Daniel Voytas 博士らによって最初に開発され [5]，米国のプラスミド供給機関である Addgene（アドジーン）を介して配布されている．ただしこのキットは，一段階目のアセンブリーで 10 個のモジュールを連結する必要があり，この反応の成功率に少々難がある．そこで著者（佐久間）らは，一段階目のアセンブリーを六つまでに制限してアセンブリー効率を上昇させる アドオン のプラスミドパックを開発し [6]，同じく Addgene から提供している．さらに著者らは，より TALEN の切断活性を高めたバリアントである Platinum TALEN の作製キット (Platinum Gate TALEN Kit) も開発し [7]，こちらも Addgene を介して配布している．これまでに Platinum TALEN は，ヒト細胞やラット，マウスなどをはじめ，アフリカツメガエル，イモリ，ウニ，ホヤ，線虫など，さまざまな細胞や生物で極めて高いゲノム編集効率を示すことが報告されている [8]．

5.1.6　第三のゲノム編集ツール――CRISPR-Cas9

　ZFN と比べて飛躍的に作製が容易となった TALEN は，ゲノム編集のハードルを格段に低くした．カスタムデザインでの TALEN の作製が可能となった 2011 年以降，猛烈な勢いで利用が進んでいったが，ゲノム編集のツール開発はさらなるビッグバンを残していた．第三のゲノム編集ツールにして，最も簡便にゲノム編集を実行できる，CRISPR-Cas9（clustered regularly interspaced short palindromic repeats：CRISPR；CRISPR-associated protein9：Cas9；クリスパー・キャス 9）による大旋風がそれである．

CRISPR-Cas9 は，もともと真正細菌および古細菌が有する獲得免疫様のシステム（CRISPR/Cas システム）をゲノム編集に応用したものである．CRISPR/Cas システムでは，ファージなどによって外来の DNA が侵入してきた際に，その外来配列の一部をゲノム中に取り込んで，そこから転写される短鎖 RNA（元の外来 DNA と相補的な配列を有する）とヌクレアーゼの複合体が，2 回目以降の外来 DNA の侵入に対して防衛する働きをもつ [9]．このシステムでは，短鎖の RNA が標的配列を定義しており，その RNA に誘導されたヌクレアーゼが DSB を導入するゲノム部位を決定しているが，ゲノム編集に応用する場合にも，同様に短鎖の RNA（ガイド RNA；guide RNA : gRNA）とヌクレアーゼ (Cas9) を発現させればよい（図 5.1 上段右）．ZFN や TALEN がタンパク質 - DNA 間の相互作用を利用していたのに対し，CRISPR-Cas9 では RNA-DNA 間の塩基対形成を利用していることや，ZFN と TALEN では必ず任意の配列に対応する人工ヌクレアーゼを組み上げる必要があったのに対し，CRISPR-Cas9 では毎回共通の Cas9 を利用できることなど，従来のゲノム編集ツールとは異なる特徴をもっている．

CRISPR-Cas9 による塩基認識は，gRNA が標的とする 20 塩基前後の標的配列に加え，Cas9 が認識する protospacer adjacent motif (PAM) と呼ばれる数塩基の配列にも依存する．PAM の配列は Cas9 の由来する種によって異なるが，現在最も広く用いられている化膿レンサ球菌由来の Cas9（*Streptococcus pyogenes* Cas9 : SpCas9）の PAM は 5′-NGG-3′ であり，逆鎖の 5′-CCN-3′ も利用可能であることから，標的配列の制約はさほど厳しくないと言える．後述するようにダイマー型の使用例も報告されているが，基本的にはモノマーで機能させるため，1 種類の gRNA と 1 種類の Cas9 を発現させればゲノム編集を実行できることになる．ただし，すでに説明したように Cas9 は共通のものを使用できるため，実質的には gRNA の鋳型となる合成オリゴをベクターに挿入するだけでゲノム編集ツールを得ることができる．CRISPR-Cas9 を最初にカスタムデザインの人工 DNA 切断酵素として使用した報告は 2012 年になされたが [10]，それ以降の爆発的な技術の普及速度は，TALEN をもはるかにしのぐ勢いである [11]．その原動力となっているのは，紛れもなくこの究極的なまでのベクター構築の簡便さである．

5.1.7 ゲノム編集ツールの進化

ゲノム編集の基礎技術開発を行ってきた著者が，各ゲノム編集ツールの進化速度を体感的に表現するとすれば，ZFN を 1 とした場合，TALEN が 5～10，CRISPR-Cas9 は 100 以上である．たとえば ZFN の作製法についても，コンテクストに依存したモジュラーアセンブリー (modular assembly) 法である context-dependent assembly (CoDA) 法 [12] が開発されたり，二つのジンクフィンガーを連結したアーカイブ [13] が整備されたりと，一部の技術開発に熟達したグループが地道な開発を続けてきた歴史がある．TALEN ではそれがより多様化し，著者らの Platinum TALEN をはじめ，ライゲーションに依存しない方法での DNA 結合リピートのアセンブリーを可能にした ligation-independent cloning (LIC) 法 [14] や，三つから四つの DNA 結合リピートをあらかじめ組み立てたプラスミドライブラリーを利用するシステム [15]，ヒトの全遺伝子を対象とする ready-to-use の TALEN ライブラリーの構築 [16] など，ZFN とは一線を画す技術開発が進められてきた．もちろん，ZFN や TALEN によって，これらの技術基盤が築かれていなければ，CRISPR-Cas9 の応用も決してスムーズには進まなかっただろう．しかしながら，過去にどれほどの汗が流されていたとしても，また間接的にその恩恵を受けていたとしても，より簡便なシステムとして CRISPR-Cas9 が広く普及した今となっては，そうした経緯を理解する者は少ない．もはや，ゲノム編集は CRISPR-Cas9 とほぼ同義に認識されているところである．

5.1.8 CRISPR-Cas9 の応用と改良

さて，本節ではここまで，ZFN から TALEN，CRISPR-Cas9 に至るまでのゲノム編集の歴史的背景を紐解いてきたが，ここからは CRISPR-Cas9 がどのように応用され，また改良されているかを，現在進行形の情報としてお伝えしたい．最初に CRISPR-Cas9 が哺乳動物細胞でのゲノム編集に応用されたのが 2013 年初頭のことである [17,18]．その後すぐに，ゼブラフィッシュでの使用例も報告された [19]．マウスでの利用については，R. Jaenisch らが *Cell* 誌に報告した 2 報の論文（複数遺伝子の同時改変 [20] とノックイ

ンへの応用[21])がことさら衝撃的であった.その他にも,さまざまな細胞や個体での使用例が矢継ぎ早に報告されていったが,当時世界中の研究者がCRISPR-Cas9に一斉に飛びついたことを表す好例として,線虫での報告が挙げられる.CRISPR-Cas9を線虫で"最初に"利用したことをアピールしたいがために,我先にと多数のグループがほぼ同時に論文を投稿した結果,(著者が知る限りで少なくとも) *Genetics* 誌上で5報の論文が同じ号の誌面を飾った[22-26].こうした一大ブームは,CRISPR-Cas9を単純にツールとして利用する大多数の「利用者」によって形作られたが,一方で一部のゲノム編集の「開発者」たちは,この喧騒を横目に,より先の未来を見据えていた.このように利用と開発が二極化した構造は,CRISPR-Cas9登場以降のゲノム編集研究の特徴と言える.

さて,CRISPR-Cas9をさらに進化させるためには,ゲノム編集をより効率的に行えるようにすることは当然として,認識配列の柔軟性や厳密性の向上,デリバリーを効率化させるための工夫,誘導型で機能させる技術の開発,さらには従来とは異なる用途での利用とその改良などが必要となる.開発者らに課せられた課題は決して少なくなかったが,2016年を迎えた現在,未解決の課題を見つけることのほうが困難な状況となっているのだから,驚くばかりである.先に述べた課題がどのように解決されたかを,以下に列記していく.

(1) 認識配列の柔軟性や厳密性の向上

従来のSpCas9とは異なる種に由来するCas9(*Neisseria meningitides* Cas9:NmCas9, *Staphylococcus aureus* Cas9:SaCas9など)が利用可能となった[27,28].さらにCas9とは異なるCasタンパク質(CRISPR from *Prevotella* and *Francisella* 1:Cpf1など)も利用できることが明らかとなっている[29].これらは一般的に使用されているSpCas9とは異なるPAM配列を有しており,目的とするゲノム領域にSpCas9の標的配列が設計できない場合の代替手段として用いることができる.また,SpCas9とSaCas9について,それぞれPAMの特異性を改変したバリアントも開発された[30,31].認識の厳密性については,gRNAの長さを調節することで特異性を向上さ

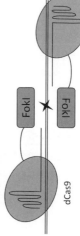
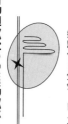

gRNAに改変を加えて特異性を上げた例

・Cas9ヌクレアーゼがDSBを誘導
・gRNAがゲノムDNAと形成する塩基対の長さを17 bpに変更 (tru-gRNA)

Cas9に改変を加えて特異性を上げた例

・Cas9ヌクレアーゼがDSBを誘導
・Cas9ヌクレアーゼにアミノ酸改変を加え、非特異的な結合を抑制 (eSpCas9, SpCas9-HF1)

標準的なCRISPR-Cas9システム

・Cas9ヌクレアーゼがDSBを誘導
・gRNAがゲノムDNAと形成する塩基対の長さは20 bp

ダブルニッキング法により特異性を上げた例

・Cas9ニッカーゼがペアで結合
・近接する2箇所にニックを導入することでDSBを誘導

FokI依存的なDSB誘導により特異性を上げた例

・FokI融合型dCas9 (FokI-dCas9) がペアで結合
・FokIの二量体化によりDSBを誘導

図 5.2 特異性を向上させた改良型 CRISPR-Cas9 システム

せられることがわかった（図 5.2 上段左）[32,33]．さらに，核酸への非特異的な結合を抑えるような変異を Cas9 に導入することでもオフターゲット変異を抑制できることが明らかとなった（図 5.2 上段右）[34,35]．その他にも，Cas9 ヌクレアーゼを ニッカーゼ (nickase) に改変し，ダブルニッカーゼとして利用することで特異性を上げる方法（図 5.2 下段左）[36,37] や，ヌクレアーゼ活性を完全に不活化させた Cas9 変異体 (dCas9) に FokI ヌクレアーゼを融合させた FokI-dCas9 を用いて，ZFN や TALEN と同じようにダイマー型の DNA 切断ツールへと変化させる方法（図 5.2 下段右）[38,39] も開発されている．

(2) デリバリーを効率化させるための工夫

当初，マウス ES 細胞で複数遺伝子の改変が実行された際には，Cas9 発現プラスミドとともに gRNA の発現カセットを有する DNA 断片を共導入する手法が取られた [20]．その後，最大で七つまでの gRNA カセットと Cas9 を同時に発現させられる all-in-one ベクター (all-in-one vector) を著者らが開発した [40]．さらに同様の構造の all-in-one レンチウイルスベクターを作製するシステムも構築されている [41]．また，将来の遺伝子治療を見据えて，高い安全性を有するアデノ随伴ウイルスベクター (adeno-associated virus vector：AAV vector) に小型 Cas9 を搭載した論文も報告された [28]（後述する split Cas9 も小型化を実現したもう一つの方法である）．

(3) 誘導型で機能させる技術の開発

誘導型プロモーターで Cas9 を発現させた例 [42] の他，Cas9 タンパク質の機能そのものの ON / OFF を誘導型で切り替えられる技術も開発されている．一つは split Cas9 と呼ばれる手法で，N 末端側と C 末端側の二つに分断した Cas9 フラグメントが，特定の薬剤存在下でのみ会合して機能的な Cas9 分子として働くというものである [43]．その後，split 型にせずとも薬剤誘導によって活性型と不活性型を切り替えられることが明らかとなった [44]．また，光誘導型で特定遺伝子の転写をコントロールしたり，split Cas9 の原理で DSB を入れたりする技術も開発されている [45,46]．

(4) 従来とは異なる用途での利用とその改良

　ZFN や TALEN においても，FokI のヌクレアーゼドメインをその他のエフェクタードメインに置換することで，転写のコントロール [47] や エピゲノム 編集 (epigenome editing)[48]，特定の染色体領域の可視化 [49] などを実現した例が報告されていた．CRISPR-Cas9 においても，前述した dCas9 に任意のエフェクターを結合させることで，同様の操作が可能である [50-52]．加えて，dCas9 に SunTag と呼ばれる エピトープ (epitope) タグをタンデムに連結するシステム [53] や，gRNA の ループアウト する部分に RNA 結合タンパク質の認識モチーフを付加するシステム [54] などによって，任意のエフェクター分子を呼び込ませる手法も開発されており，ゲノム編集の派生技術についても高度化・多機能化の様相を呈している．

5.1.9　ゲノム編集を医療応用する上での課題──オフターゲット変異

　最後に，成長著しい CRISPR-Cas9 をはじめとするゲノム編集技術を医療に展開するための課題とその解決策について述べたい．第 1 章の 1.2 節でも触れたように，ゲノム編集の医学分野，特に"遺伝子手術"への応用には大きな期待が寄せられている．そのためにまず必要となるのは，目的の遺伝子座を狙いどおりに改変できる効率と正確性である．この点については，これまで論じてきたように，Cas9 を筆頭とする各 DNA 切断酵素の改良が日進月歩で進んでいるところである．次に，患者から採取した初代培養細胞へのゲノム編集ツールの送達が効率良く，また安全に行われることも重要な点である．この点は，一般的なプラスミドやウイルスベクターによる導入の他，RNA やタンパク質，またそれらの複合体の状態で導入することで，より安全性を高める工夫もされており [55,56]，今後もさまざまな手法が報告されるものと思われる．

　そして医療応用に向けたゲノム編集の最大のハードルになり得るのが，オフターゲット変異 (off-target mutation) である．オフターゲット変異とは，ゲノム上の意図せぬ領域に導入してしまう変異を指し，ゲノム編集にヌクレアーゼを利用する以上は避けて通れない問題である．実際のところ，基礎研究が目的であれば，現在のゲノム編集技術はオフターゲット変異をさほど

気にしなくてもよいレベルに達しつつある（ただしgRNAの設計が適切に行われていることなど，いくつかの必要条件を伴う）．しかしながら医療応用を目指す場合には，たとえそれが極めて低い頻度のオフターゲット変異であったとしても無視できない問題となり得る．たとえば，標的遺伝子座の編集効率が50%を超える場合に，1%に満たない頻度で導入されるオフターゲット変異があると仮定する．頻度としては非常に低いので，全ゲノムシーケンス (whole-genome sequencing : WGS) を行ったとしても，変異の存在を検出するのは難しいだろう．ところがもしその1%の変異が，がん化を誘導するような変異だったとすればどうだろう．治療に使用したゲノム編集細胞群の中に，オフターゲット変異を伴う細胞がごくわずかに混入するだけでも，極めて大きな問題を引き起こす可能性があるわけである．

先に述べたように，ゲノム編集がゲノムDNAの切断に依存する技術である以上，この問題を根本的に避けることは難しい．だとすれば，少なくともどの程度のリスクを伴うかを知るべきである．そういった観点から，ゲノムDNA上に存在し得るオフターゲット候補サイトを網羅的に同定する試みが活発化している．これまでに，インテグラーゼ欠損型レンチウイルスベクター (integrase-defective lentiviral vector : IDLV) や短いタグ配列がDSB部位に取り込まれることを利用して，切断箇所をゲノムワイドに同定する方法[57,58]や，あらかじめ抽出したゲノムDNAに対して，試験管内で切断を誘導し，それを全ゲノムシーケンスする方法[59]などが開発されている．現状では各手法に一長一短があるが，いずれにせよオフターゲット変異の候補箇所を実験的にあぶり出した上で，それらの領域に対してディープシーケンシング (deep sequencing) を行うというのが，極めて高い精度を要求されるゲノム編集の安全性の評価法として世界的なスタンダードになっている．これらの解析結果をもとに，ある程度の安全性基準で線引きをして，実際の医療応用に利用していく方向が現実的と考えられる．

5.1.10 おわりに

本節では，ゲノム編集の歴史的背景を追いながら，これまでに開発されてきたゲノム編集ツールについて概説し，本技術の基盤的な情報を提供した．

また，最近の技術開発の状況と医療応用に向けた課題について論じた．本文中でも述べているように，ゲノム編集を実行するための人工 DNA 切断酵素は，Addgene やその他のいくつかの企業から販売されているベクターを用いて容易に作製することができ，また，完成したベクターが高いヌクレアーゼ活性（＝ゲノム編集効率）を有する確率も非常に高くなっている．これほどまでに技術導入のハードルが低くなった今，ゲノム編集は遺伝子の機能解析に，もはや必須の技術とも言える状況であり，基礎医学分野での積極的な利用が促される．さらに，医療応用に向けた動きも日ごとに加速しており，今後もゲノム編集の研究動向から目が離せない日々が続くであろう．

5.2 ゲノム編集技術と立体培養技術の融合

遺伝子の働く時期や発現する細胞を特定することは，個体の発生や病気の原因を理解するための必須のアプローチである．代表的な方法として，蛍光レポーターで 遺伝子発現 (gene expression) を可視化する方法がある．本節では，ゲノム編集を利用してレポーターを特定のゲノム領域に効率良く導入する方法を，哺乳類の発生または再生医学 (regenerative medicine) 的基礎知識を加えながら解説する．

5.2.1 哺乳類の発生

個体の 発生 (development) は受精とともにスタートし，卵割を繰り返したのち 多能性幹細胞 (pluripotent stem cell) である内部細胞塊という特殊な細胞群を生み出す（図 5.3）[60]．この内部細胞塊は個体，すなわち我々の成体の組織および臓器を作り出す大本の細胞である．この細胞群は初期発生において，まず外胚葉 (ectoderm) および内胚葉 (endoderm)，中胚葉 (mesoderm) という異なる運命（系譜）(cell fate / Lineage) をたどる細胞に 分化 (differentiation) する [61]．異なる系譜の細胞は我々の体において，さらに異なる成熟した組織/臓器に分化していく．たとえば，外胚葉は中枢神経や表皮となり，内胚葉は肝臓や小腸，中胚葉は血管や筋肉に分化する（図 5.3）．

これらの分化プロセスは多くの場合，細胞核内のゲノム情報に書き込まれた，非常に重要な遺伝子群により制御されている．遺伝子領域から 転写

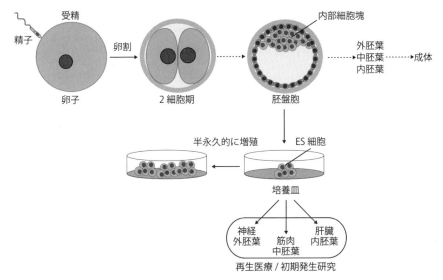

図 5.3 受精卵からさまざまな細胞系譜への分化および再生医療や初期発生研究に貢献する胚性幹細胞（ES 細胞）

(transcription) されたメッセンジャー RNA はタンパク質に 翻訳 (translation) され，細胞の増殖や分化，生存をコントロールし，個体発生や成体の 恒常性 (homeostasis) 維持のために必須の役割を果たす（図 5.4）．また，エピジェネティック (epigenetic) な制御も各ステップにおいて重要であることが示されている [62]．逆にこれらの遺伝子制御の破綻は， 細胞系譜 (cell lineage) の決定や恒常性の維持に異常が生じ，多くの場合，奇形発生や病気を導く（図 5.4）．言い換えれば，細胞や組織，個体レベルでの遺伝子制御およびメカニズムの理解が，生物学および医学における重要な課題である．

5.2.2 蛍光タンパク質による遺伝子 / 生細胞の可視化

細胞や組織，個体レベルでの遺伝子制御およびメカニズムを解明するためには，特定の 遺伝子産物 (gene products) や特定の細胞を可視化する必要がある．代表的な手法としては，in situ ハイブリダイゼーション法 (in situ hybridization) や免疫染色法 (immunostaining) があり，特定の遺伝子産物を可視化する強力な手法としてよく使われている（図 5.5）．in situ ハイブリ

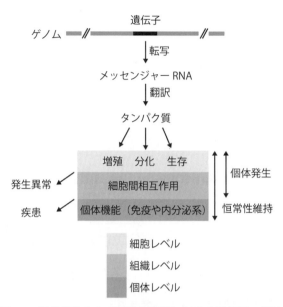

図 5.4 個体発生および恒常性維持における遺伝子の機能

ダイゼーション法は，特定のメッセンジャー RNA の部分的な 核酸 (nucleic acid) 配列を認識する RNA プローブを用いることで，その遺伝子の転写産物が発現する細胞を標識することができる（図 5.5）．一方，免疫染色法は，特定のタンパク質の部分的なアミノ酸 (amino acid) 配列を認識する抗体 (antibody) を用いることで，タンパク質の発現場所を知ることが可能である（図 5.5）．これらの手法を利用すれば，複雑な生き物の遺伝子発現をメッセンジャー RNA およびタンパク質レベルで観察することが可能である．しかしながら，固定した動物胚 (animal embryo) や組織切片，細胞等にしか適用できない手法であるため，ダイナミックな遺伝子発現様式を観察するには，さらなる手法が求められていた．

2008 年のノーベル化学賞が記憶に新しいが，この功績は我々生物学者が必要としていたツールである「遺伝子/細胞を生きたまま可視化すること」を可能にした．順を追って説明すると，まずオワンクラゲ (aequorea victoria) から同定された緑色蛍光タンパク質 (green fluorescent protein) をコードする遺伝子 GFP は，他の動植物に遺伝子導入することで細胞を可視化できるこ

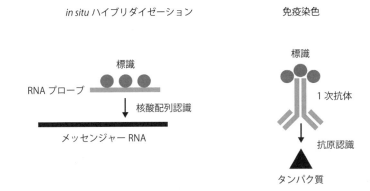

図 5.5 固定した標本における遺伝子産物の解析

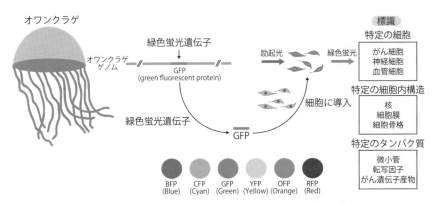

図 5.6 蛍光遺伝子による特定の細胞やタンパク質の可視化

とが示された（図 5.6）[63,64]. この発見は二つのブレークスルーをもたらした. 一つ目は, 異なる種においてでも蛍光遺伝子 (fluorescent gene) の導入が可能なこと. 二つ目は, 生きたまま特定の遺伝子産物および細胞の挙動を調べることが可能になったことである. さらには, 時をそれほど経ることなく蛍光色の改変が行われ, 青やシアン, 黄, オレンジ, 赤などのバリエーションが報告された（図 5.6）[65]. これにより, 同時に多色標識することで, "特定の細胞" や "特定の 細胞小器官 (organelle)", "特定のタンパク質" を生きたままの状態で観察し, 生命の原理原則の解明により近づくことが可能と

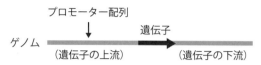
図 5.7 遺伝子の発現を調節するプロモーター配列

なった（図 5.6）．この技術は，生物学や医学のみならず，さまざまな分野に応用，適用されつつある．たとえば，個体発生中に血管細胞を蛍光標識すれば，血管が身体中を網目状に広がる様子を観察できるだろう [66]．また，がん細胞を蛍光標識すれば，どのように増殖したり転移 (metastasis) したりするかを追跡することができる [67,68]．さらに，がん遺伝子産物 (oncogene products) を蛍光標識すれば，タンパク質レベルで，がんの悪性化の評価，メカニズムの理解につながることが期待できる．

5.2.3 遺伝子発現の可視化

ところで，特定の細胞を蛍光タンパク質によって可視化するためには，どのようにすればよいのだろうか？ 遺伝子発現様式は基本的に，その細胞がもつ特定の系譜，特定の遺伝子発現に依存する．一般的に遺伝子の発現は，プロモーター (promoter) と呼ばれる DNA 配列により制御される（図5.7）[69,70]．この配列は各遺伝子で異なっているため，遺伝子発現様式（発現時期，発現場所，発現量）は各遺伝子で異なる（図5.8）．これを利用すれば，遺伝子を蛍光標識することで異なる細胞や組織/臓器を任意に標識することが可能となる．たとえば，外胚葉特異的なプロモーターの下流にCFP (cyan fluorescent protein) 遺伝子を，内胚葉特異的なプロモーターの下流に GFP (green fluorescent protein) 遺伝子を，中胚葉特異的なプロモーターの下流に RFP (red fluorescent protein) 遺伝子をそれぞれ配置する（図5.9）．これにより，外胚葉をシアン色，内胚葉を緑色，中胚葉を赤色の蛍光で色分け可能である．すなわち，表皮/神経，肝臓/小腸，血管/筋肉などの特定の細胞/組織もこの原理を利用すれば生きたまま可視化できる（図5.9）．この原理に基づいて，目的の細胞を標識する方法を以下に説明する．

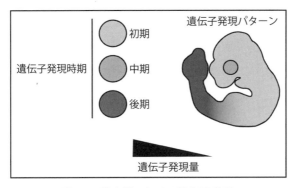

図 5.8 発生期における遺伝子発現

5.2.4 遺伝子の導入技術

　遺伝子を生物に導入する方法としては，主に生物学的，化学的または物理的手法がある．これらの手法は植物，動物，バクテリアなど，生物種や目的によって使い分けられる．いずれの方法においても，多くの場合，ベクター (vector) と呼ばれる核酸分子が用いられる．ラテン語の"運び屋"に由来するベクターは文字どおり，目的の DNA 配列を生物に運ぶ機能をもつ．したがって，ベクターを利用した遺伝子導入は遺伝子組換え技術として広く用いられている．また，これらの導入された遺伝子を一過的に細胞内で維持するか，ゲノム内に組み込んで安定的なものにするかも，目的によって使い分けられる．たとえば，iPS 細胞 (induced pluripotent stem cells) を使った遺伝子治療を目的とした場合，一過的な山中 4 因子 (Yamanaka factors) の導入による iPS 細胞樹立が理想的である [71-73]．一方，個体や組織を使った基礎的な解析を行う場合，ゲノム内に目的の遺伝子を組み込んだほうが安定的に観察および解析できるという利点がある．例として，ウイルス (virus) やトランスポゾン (transposon) を利用した遺伝子導入（トランスジェニック）システムが有名である．

　ウイルスによる遺伝子導入は，ウイルスの保持している細胞に感染し，その中に侵入するという機構を利用したものである [74,75]．目的の DNA の配列をウイルスによって運ぶためには，ウイルスベクターと呼ばれるベクター

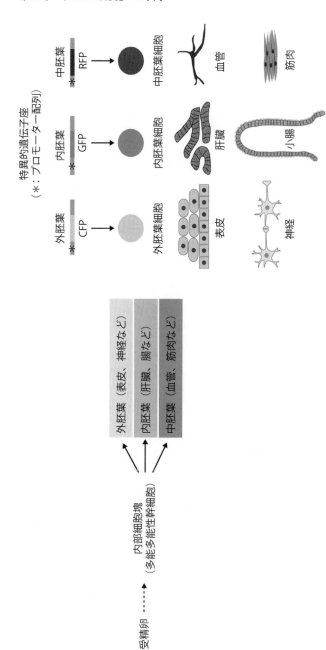

図 5.9 特異的プロモーター配列を利用した細胞系譜特異的な細胞の視覚化

が利用されている．ウイルスにはさまざまな種があり，感染する細胞種が異なることが知られている（動物に感染するウイルスや，植物に感染するウイルスなど）[76,77]．これを利用（特異性を改変することもできる）して，特定の細胞種に特定のウイルスベクターを介して感染させ遺伝子を導入する[78]．

　トランスポゾンは，トランスポザーゼ（酵素）によって認識されゲノム上に挿入されるために必要な DNA 配列である．このため，ゲノム上を動く DNA 配列という意味で，転移因子 (transposable element) とも言われる [79]．つまり，ベクターの配列中にトランスポゾン配列を用意しておけば，トランスポザーゼによって効率良く目的の遺伝子配列をゲノム上に組み込むことが可能となる [80]．

　余談ではあるが，ヒトやマウスなどの哺乳類のゲノム配列を明らかにするゲノムプロジェクトの結果，タンパク質をコードする遺伝子配列以外にウイルスやトランスポゾン由来の配列がゲノム上の多くの領域を占めることが示唆された [81]．このことは長い進化の歴史の中で，生物はウイルス感染やトランスポゾンの影響によりゲノムを多様に変化させ，その結果，多様な生物学的特徴が生まれた可能性を示すものである [82-86]．

5.2.5　哺乳類における遺伝子改変技術の幕開け

　ウイルスやトランスポゾンを利用したトランスジェニックの作製手法は，ランダムインテグレーション (random integration) と呼ばれ，ゲノム上に複数のコピーが，ランダムに導入される（図 5.10）．しかしながら，ランダムインテグレーションを利用した遺伝子導入では，生体が内在的に制御するであろう遺伝子発現制御を正確に解析することは難しい．たとえば，推定したプロモーター領域のみで十分に目的の遺伝子の発現を反映するのか？　組み込まれたゲノム上の位置による影響を受けるのか？　複数の遺伝子コピーの組込みによる遺伝子発現が生理的に悪影響を及ぼさないか？　などの問題点を考慮しなければならない．

　では，特定のゲノム領域（遺伝子座）に外来の遺伝子を導入することは可能であろうか？

158   第 5 章 「DNA 改変」の時代へ

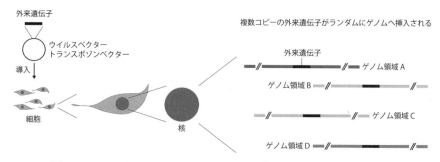

図 5.10 ランダムインテグレーションを利用したトランジェニック細胞の作製

2007 年のノーベル医学生理学賞受賞者 3 人による連携プレーで，遺伝子の機能をより正確に解析できる画期的な手法が開発された．端的に言えば，「相同組換え」を利用し，哺乳類の特定のゲノム領域（遺伝子座）の改変を可能にする手法である．これにより，哺乳類で初めて，生理的な観点から病気の原因と遺伝子の機能とが関連付けられた [87]．受賞者 3 人のそれぞれの貢献を簡単に記載したが，詳しい説明は割愛する．

・M. Evans による ES 細胞 (embryonic stem cell) の樹立 [88]
・O. Smithies による 遺伝子ターゲティング (gene targeting) 法 [89]
・M. R. Capecchi による生体への相同組換えの応用 [90]

以下では，この「相同組換え」に焦点を当てて，細胞の可視化技術への応用を述べていく．相同組換えは，DNA の配列がよく似た部分（相同配列）で起こる組換えである．この現象は 減数分裂 (meiosis) のときや，DNA が化学物質や放射線によりダメージを受けたときに起こる生理的に非常に重要な反応である．生物が内在的にもつ相同組換えを利用した内在遺伝子座の改変のためには，野生型と相同な配列で目的の配列をサンドウィッチしたベクターを用意する [91]．このベクターは ターゲティングベクター (targeting vector) と呼ばれ，細胞に導入すると相同組換えが起こり，"目的の配列" が挿入されたアレル（ノックインアレル）が完成する（図 5.11）．ノックインアレルは，目的の箇所に目的の遺伝子を，決まったコピー数導入可能であ

5.2 ゲノム編集技術と立体培養技術の融合　159

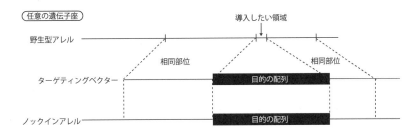

図 5.11 任意の遺伝子座に目的の配列をノックインする
出典:『ナノ学会会報』, Vol.13(2), pp.79-84 (2015) より引用.

る．つまり，母親由来もしくは父親由来のゲノムのどちらか，もしくは両方に目的の遺伝子を導入できるということを意味する．したがって，目的の配列を蛍光遺伝子にすれば，上記で述べたように特定の遺伝子の発現を可視化することができる．しかしながら，自然発生的な相同組換え効率はそれほど高くないので，ノックインベクター単独で行う相同組換えでノックインを行うには多くの時間と手間がかかる．

5.2.6　ゲノム編集技術による相同組換え効率の上昇

　一方，5.1 節で紹介したゲノム編集技術を利用すれば，人工的に DNA ダメージを誘発して相同組換え効率を上昇させ，ノックインを簡単に実現させることができる．言い換えれば，人工的に DNA ダメージ効率をコントロールすることができる．この方法を用い，著者（高田）らは，神経細胞特異的に発現する遺伝子の開始コドン ATG 直前（内在性プロモーター配列の直下）に蛍光レポーターを効率良く導入することに成功した（図 5.12）．Target site は TALEN による切断部位，pPGK はネオマイシン耐性遺伝子 Neo の恒常的プロモーター，pA は polyA 付加配列 (poly-A tail) をそれぞれ示している（図 5.12）．

5.2.7　ノックインマウス個体作製

　マウス個体で研究する場合，ノックイン ES 細胞（胚性幹細胞）を樹立できれば，特定の遺伝子/細胞/組織/臓器を標識したマウス個体を作製す

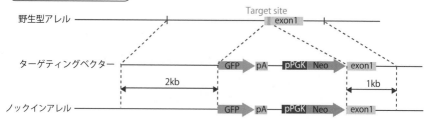

図 5.12 神経細胞特異的に発現する遺伝子座にGFP蛍光遺伝子をノックインする
出典：『ナノ学会会報』, Vol.13(2), pp.79-84 (2015) より引用．

る事ができる．ES細胞は半永久的に試験管内で培養可能な多能性幹細胞 (pluripotent stem cell) で，マウス胚盤胞 (blastocyst) の内部細胞塊に由来する（図5.3）[92]．図5.13では，ノックインマウスの一般的な作製手順を簡略化して記した．

まずStep1で，ターゲティングベクターおよびTALENをES細胞にエレクトロポレーションで導入する．次にStep2で，ノックインされた細胞を薬剤選択し，生き残った細胞（コロニー）を細胞クローンとして樹立する．ネオマイシンはタンパク質合成を阻害するため，細胞は死んでしまう．一方，ノックイン細胞はネオマイシン耐性遺伝子を獲得するので生き残り，コロニーを形成する．ゲノム編集技術を利用すれば，ノックイン細胞のクローニング効率が上がり，Step3へ迅速に進むことができる．Step3では，生存し，クローニングされた細胞が本当に目的のノックイン細胞であるかをPCR (polymerase chain reaction) やサザンブロット (Southern blotting)，DNAシーケンシング (DNA sequencing) で確認する．PCRやサザンブロット，DNAシーケンシングは，DNAレベルで目的の遺伝子座に外来遺伝子が導入されたかを簡便に確認する方法として広く用いられている．Step4では，妊娠マウスから胚盤胞を取り出し，内部細胞塊がある空間にノックイン細胞をインジェクションする．Step5では，この胚盤胞を仮親の子宮内に戻す．Step6で，メンデルの法則 (Mendel's laws) を参考にレポーターマウスを樹立する．図5.13では，網膜細胞で蛍光レポーターが発現する例を記載した．こ

5.2 ゲノム編集技術と立体培養技術の融合

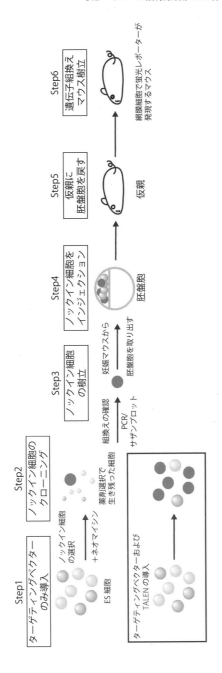

図 5.13 ノックインマウスの作製

出典:『ナノ学会会報』, Vol.13(2), pp.79-84 (2015) より引用.

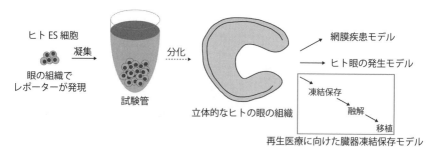

図 5.14　ヒト ES 細胞から試験管内でヒトの眼の組織を作る

のように，生きたまま遺伝子発現や特定の細胞を効率良く可視化するために，「ゲノム編集技術と相同組換え」を組み合わせた方法が近年定着しつつある．

5.2.8　ゲノム編集と立体培養技術の融合

　個体や培養細胞（平面培養）を利用した研究が主流だった以前とは異なり，現在は新たな手法が世界中で注目され始めている．それは，試験管内 (in vitro) で組織や臓器を"立体的"に作る技術である．この技術は多くの場合，マウスやヒト ES 細胞を利用する [93,94]．

　2011 年に理化学研究所の笹井グループは，世界で初めてマウス ES 細胞から人工網膜組織 (retinal tissue) の 3 次元形成に成功したと発表した [95,96]．この研究結果は，複雑な組織の形成過程がシンプルな培養皿上で自律的に行われることを明快に示した．さらに，これまでの手法では解明が難しかった，どのようなメカニズムが網膜 (retina) のワインダーカップ様の形態形成を制御するのかを解き明かすことも可能となった．間もなくして同研究グループから，ヒト ES 細胞を用いたヒト立体網膜の作製事例も報告された [97]．ヒトの胎生期 (fetal stage) に相当する網膜の組織が試験管内で作られるようになったことには三つの大きな利点がある（図 5.14）．一つ目は，網膜の疾患メカニズムを ES 細胞由来の組織で解析し，網膜疾患の治癒を目的とした創薬の開発を行うことができるようになった．二つ目は，ヒトの眼の発生をモデル系として，基礎生物学的な観点から新しいメカニズムに迫ることができるようになった．三つ目は，再生医療に向けた臓器凍結保存のモデ

5.2 ゲノム編集技術と立体培養技術の融合　　163

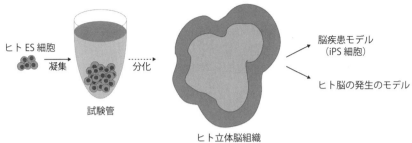

図 5.15　ヒト ES 細胞から試験管内でのヒト脳の作製と脳の病気のモデル化

ルができたことである．各組織/臓器の保存には，それぞれに合った凍結方法を考慮し，かつ迅速に目的の組織/臓器を供給することが望まれる．

　一方，オーストリアの J. A. Knoblich のグループは，ヒトの脳を立体的に試験管内で作製したことを報告した [98]．立体的にヒト脳を作る技術と iPS 細胞を利用し，脳の病気の一つである小脳症の原因遺伝子に関しても詳細に記載された（図 5.15）．

　これらの報告により再生医学の分野が格段に進歩し，かつ複雑で謎が多い初期発生過程を試験管内で観察および操作可能となった．著者らは再生医療に貢献するために，ES 細胞由来の立体組織培養技術を発展させてきた．その基盤になるのが，ゲノム編集技術を用いてノックイン ES 細胞を作製することである．目的の立体神経組織ができたかどうかを簡便に評価するために，神経細胞で蛍光レポーターを発現するノックイン細胞を用いる．そしてマウス ES 細胞を用いて，蛍光のシグナルを観察しながら最適な分化方法を探索していく．図 5.16 では，マウス初期胚における，神経上皮に相当する立体組織を試験管内でマウス ES 細胞から作製した例を示している．神経細胞で発現する遺伝子を蛍光レポーターで生きたまま視覚化できることがわかる．また，立体組織の組織切片を作製することによって，細胞レベルで遺伝子発現を調べることも可能である．この利点を生かし，著者らは視床下部 (hypothalamus) や大脳皮質 (cerebral cortex)，網膜などの立体組織を試験管内で作製している．

　生きたまま遺伝子の発現量/時期/領域が特定できるということは，蛍光

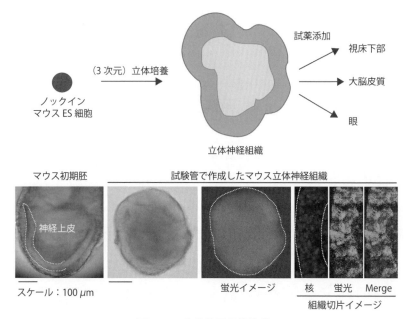

図 5.16　立体神経組織培養

観察下で組織を操作できるということである．たとえば，試験管内で眼の組織を誘導し，阻害剤 (chemical inhibitor) や試薬添加による分子メカニズム解析，および再生医療に向けた長期培養への応用の可能性を示している．図 5.17 では，眼の組織における，特定の遺伝子の機能を調べることを目的に，眼の組織に特定のタンパク質を分泌する細胞を近傍に配置した結果，異なる運命に変化したことを示す．また，将来の網膜に相当する部分のみ外科的に切除して長期培養すると，網膜様の組織が形成され，視細胞 (photoreceptor cell) の前駆細胞 (progenitor cell) が生まれてくる．したがって，「ゲノム編集技術と立体組織培養法」を組み合わせれば，ES/iPS 細胞から特定の組織を分化培養する方法の最適化を迅速かつ正確に行うことができるほか，再生医療への応用，組織/臓器形成のメカニズムに迫ることもできる．

5.2.9　おわりに

ゲノム編集技術により，特定のゲノム領域を編集することが容易になっ

5.2 ゲノム編集技術と立体培養技術の融合　165

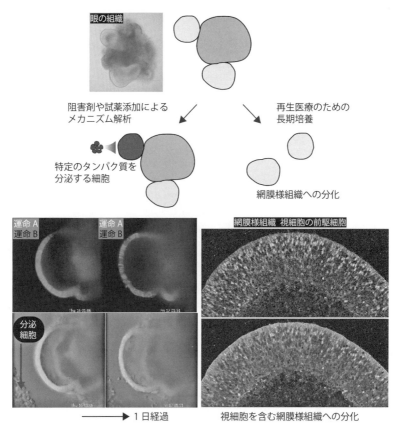

図 5.17　眼の立体組織の操作および長期培養による網膜様組織分化

た．特に再生医学の分野では，この方法を用いることで格段に研究がしやすくなったと言える．たとえば，従来法ではマウスのES細胞における相同組換え効率は約100分の1程度だったが，ゲノム編集技術を使うと数十倍も効率が上昇する．したがって，複数の遺伝子改変も視野に入れて研究プロジェクトを組むことが可能となってきている．著者らは，複数の組織を同時に試験管内で作製するために，それぞれの組織を蛍光標識できるマルチカラーノックイン細胞を作製することに挑戦している．また，発生は時間や空間および遺伝子によって複雑に制御されていることから，「ゲノム編集技術と

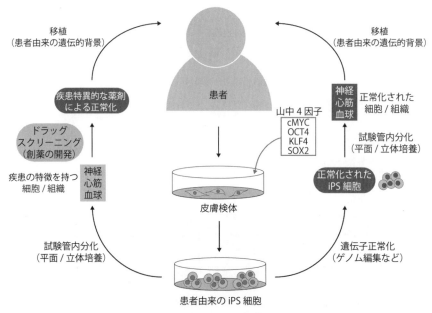

図 5.18 次世代の再生医学的治療と創薬の開発

立体組織培養法」を組み合わせて研究することで，発生の一部を浮き彫りにし，そのメカニズムに迫りたいと考えている [99]．

近年，急速に発達してきた成体幹細胞 (adult stem cells) を使った立体組織形成技術においても，ゲノム編集とのコンビネーションにより大腸がんのモデル化や組織の正常化が可能であることが示されている [100,101]．

近い将来，ヒト（成体および胚性）幹細胞や iPS 細胞の遺伝子改変と立体組織培養の系を組み合わせることで，再生医療への貢献や組織/臓器レベルでの解析でヒトの病気の原因に迫ることが可能となるだろう [102]．実際，再生医学の分野では，ゲノム編集して疾患のモデル細胞を作製したり，疾患 iPS 細胞をゲノム編集して正常化し，患者に戻す「自家移植による遺伝子治療」の研究が加速的に進んでいる（図 5.18) [103]．これまで研究しにくかったヒトの発生や疾患に関して，次々と新しい発見が生まれてくることを願ってやまない．

用語集

[アルファベット順]

βバレル構造

タンパク質の三次構造の一つ．タンパク質の二次構造の主要素であるβシートにより形成された樽状の構造．

ChIP-chip法

クロマチン免疫沈降(Chromatin immunoprecipitation：ChIP)とマイクロアレイ解析（gene chip解析）を組み合わせたゲノム解析手法．断片化したクロマチンから，特定のタンパク質が結合したDNA領域を特異的抗体で回収した後，そのDNAをマイクロアレイ解析することにより，ゲノム上のどの領域にそのタンパク質が結合しているかを解析することができる．

cis エレメント

同一分子上の遺伝子を制御するDNA・RNA配列のこと．ここではpiRNAの前駆体上のpiRNAの生合成を制御するRNA配列としてこの表現を使用している．

denovo メチル化

卵形成過程において，新たにゲノムDNAがメチル化状態を獲得すること．

DNAシーケンシング

DNAの塩基配列を決定すること．つまり，DNAを構成するデオキシリボヌクレオチドの結合順序を解析することと同義．DNAの構成成分デオキシリボヌクレオチドは一般的に以下の四つである：アデニン(A)とチミン(T)，グアニン(G)とシトシン(C)．

Haloタグ

タンパク質タグの一つ．ハロアルキル鎖を取り込み，共有結合を形成する．SNAPタグと同様，蛍光標識などに用いられる．

iPS細胞

人工多能性幹細胞とも呼ばれる．体細胞に山中因子を導入することで，胚性幹細胞と同等の分化万能性と自己複製能を獲得した細胞のこと．たとえば，体細胞である皮膚細胞などにOct3/4・Sox2・Klf4・c-Myc遺伝子を導入することでiPS細胞は樹立可能である．

polyA 付加配列

メッセンジャーRNA にポリA 鎖 (poly-A tail) を付加するために必要な配列．

Q 染色法

分裂中期の細胞をキナクリンマスタード，ヘキスト 33258，DAPI などで処理すると核の中の染色体が蛍光染色される．この際，蛍光の強い部分と弱い部分が縞模様のように見られる．特にキナクリンマスタードによる染色法は Q 染色法と呼ばれ，これにより AT 含量の高い部分が蛍光の強い部分として縞模様（Q バンド）が見られる．

S 期

細胞周期において，染色体 DNA が複製される時期 (synthetic phase) を指す．DNA 複製が生じなければ，相同組換えは原理上起こり得ない．

Seven-stranded β-sheet 構造

メチル化酵素に共通する特徴的な β シート構造（アミノ酸の鎖が一直線に長く伸びた β ストランドが平面的に並んだ構造）で，7本の β ストランドで構成されている．

siRNA

small interfering RNA の略．RNA 干渉 (RNAi) に利用される低分子 RNA である．標的とする遺伝子の mRNA 配列と相補的な配列を有する siRNA を導入すると，内在性のサイレンシング機構によって標的の mRNA が分解され，特定の遺伝子機能が抑制される．4.2.1 項 (1) も参照のこと．

SNAP タグ

タンパク質タグの一つ．ベンジルグアニン基を内部に取り込み，自身と共有結合を形成する．観察対象とするタンパク質に SNAP タグを融合し，ベンジルグアニン修飾した蛍光分子を作用させることで，対象のタンパク質に蛍光標識を施すことが可能となる．

T ループ

テロメア DNA の長さは染色体末端ごとにランダムで，ヒトの場合の平均長は 2～30 kb であり，その末端に 50～300 ヌクレオチドの一本鎖領域 (G-tail) が存在することが知られている．T ループは，G-tail がテロメア二本鎖 DNA 部分に割り込んで環状になった構造のこと．種々のタンパク質が結合して，その構造が安定化されている．

[五十音順]

アイソフォーム

基本的な機能やアミノ酸配列・核酸配列は共通しているが，一部のアミノ酸配列・核酸配列が異なるタンパク質・RNA のこと．

アクチンファミリーとアクチンアイソフォーム

アクチンファミリーは，アクチンと共通の祖先から進化し，構造的に相同性を有する一群のタンパク質である．ア

クチン (conventional actin) とアクチン関連タンパク質 (actin-related protein; Arp) によってアクチンファミリーが形成される．このうち，アクチンには，アミノ酸配列の相同性が高い数種のアクチンアイソフォームが存在する．

アドオン

キットそのものではなく，キットに追加するアクセサリーパックである．アドオンのみで使用することはできず，必ずオリジナルのキットが別途必要となる．

遺伝子産物

ゲノム DNA の塩基配列をもとに合成された産物のこと．多くは，タンパク質を指すが，ノンコーディング RNA など，RNA 自体で機能する産物も含む．

遺伝子ターゲティング

本来は，特定の遺伝子領域に外来遺伝子を挿入する手法を指す用語である．しかしながらゲノム編集技術の登場によって，必ずしも外来遺伝子の挿入を介さずとも内在遺伝子を改変することが可能となったため，標的遺伝子改変と同義に扱われることもある．

遺伝子発現

生物のゲノム DNA にある遺伝子情報をもとに，RNA やタンパク質が合成されること．遺伝子には，恒常的に発現するものから一過性に発現するものまでさまざまである．

インスレーター

ゲノム上の「境界」を作り出すタンパク質のこと．インスレーターがゲノムに結合することによって，上流と下流にある遺伝子が互いに影響を受けないようにする．

イントロン

転写はされるが最終的に機能する転写産物からスプライシング反応によって除去される塩基配列．

エキソソーム

真核生物の細胞に存在する膜小胞．RNA 分解などのさまざまな機能をもつと考えられている．真核細胞では細胞全体に存在するが，特に核小体に多い．しかし，複合体を制御するタンパクが異なるため，存在する場所によって活性，基質特異性が異なる．エキソソームの基質は mRNA, rRNA, ncRNA 等である．エキソソームはエキソリボヌクレアーゼ活性を有し，RNA を 3' 末端から分解する．また，真核細胞の場合はエンドリボヌクレアーゼ活性も有し，RNA 鎖の途中を切断することもできる．

エピゲノム

ゲノム上に存在するエピジェネティック修飾の総称．エピジェネティック修飾には，DNA そのもののメチル化やヒストンのメチル化，アセチル化，リン酸化などが含まれる．エピゲノムを改変することで，特定の遺伝子（群）の発現に影響を与えることなどが可能となる．

エピジェネティックスイッチ

生命は，A,G,C,T の遺伝子暗号の変化でなく DNA やヒストンの化学修飾によって遺伝子発現制御を行っている．この化学修飾によって遺伝子をオンにしたりオフされたりすることをエピジェネティックスイッチと呼ぶ．ヒストンがアセチル化されると遺伝子発現がオンとなり，シトシンがメチル化されると遺伝子がオフになる．

エピジェネティック制御

DNA 塩基配列の変化を伴わないゲノム機能の制御．たとえば，受精卵からさまざまな細胞が分化していく過程で，エピジェネティック制御が中心的な役割を果たす．DNA がヒストンなどのタンパク質と結合して形成されたクロマチンの構造，およびクロマチンの細胞核内での存在状態が，エピジェネティック制御の分子基盤となる．3.1.3 項も参照のこと．

エピトープタグ

エピトープとは，抗体が認識する特定のタンパク質構造を指す．エピトープをタグとして利用することで，任意のタンパク質に抗体（を融合させた機能性タンパク質）を結合させることができる．

エフェクター

ここでは DNA 結合ドメインに連結させる機能性ドメインを指すが，生物学一般ではさまざまな用途で用いられる用語である．

エフェクター因子

核内でトランスポゾンの抑制反応に関わる因子．

エンハンサー

転写調節タンパク質が結合することができるゲノム領域で，遺伝子発現を調節している．通常，遺伝子の上流あるいは下流に存在する．

雄ヘテロ XY 型

雌の性染色体は相同であるのに対して，雄の性染色体同士が異なるという，性の決定様式のこと．大部分の哺乳類やショウジョウバエがこれにあたる．

オープンクロマチン

ほとんどのゲノム DNA はヌクレオソームに巻きついた状態で存在するが，一部のエンハンサーやプロモーター領域はヌクレオソームに巻きついていない裸の DNA として存在し，これをオープンクロマチンと呼ぶ．

オルソログ

さまざまな生物に存在し，同じ祖先分子から進化した一群のタンパク質を"ホモログ"と呼ぶ．一般にホモログタンパク質は，アミノ酸の相同性などから同定される．ホモログタンパク質のうち，異種の生物に存在するが，生体内で類似の機能を担っているものを"オルソログ"と呼ぶ．一方で，同じ生物に存在するが機能が異なるホモログタンパク質を"パラログ"と呼ぶ．

核酸

デオキシリボ核酸 (DNA) とリボ核酸 (RNA) の総称．DNA の場合，アデニン (A) とチミン (T)，グアニン (G) とシトシン (C) で構成される．一方，RNA は，アデニン (A) とウラシル (U)，グアニン (G) とシトシン (C) で構成される．

キメラ

異なる由来の部分から構成されるものを指す．単にキメラと呼ぶ場合は，同一個体内に異なる遺伝情報または遺伝子配列をもつ細胞が混在することを指す．キメラ染色体は，異なる由来の染色体より構成された染色体のこと．一部の慢性骨髄性白血病 (CML) では 22 番染色体と 9 番染色体が融合したキメラ染色体が見られ，この染色体はフィラデルフィア染色体 (Philadelphia chromosome) と呼ばれる．

キメラタンパク質

由来の異なるタンパク質ドメインを融合させた人工タンパク質．たとえば TALEN では，植物病原細菌由来の TALE タンパク質（DNA 結合ドメイン）と，海洋性細菌由来の FokI ヌクレアーゼタンパク質（DNA 切断ドメイン）を融合させた構造をとる．

キャップ結合タンパク質

5′ キャップとは真核生物の mRNA の 5′ 末端の修飾構造で，核外輸送や分解抑制に働く他，翻訳の促進にも働く．その際，キャップ構造を認識して結合することで機能するタンパク質をキャップ結合タンパク質と総称する．

共局在解析

対象とする 2 種類以上の分子の細胞内局在について，それぞれの蛍光イメージを重ね合わせることで同一の場所に存在することを検出する手法．赤色と緑色の蛍光イメージを重ね合わせると両方のシグナルが共存している場所では黄色で表示されるなど，共局在を視覚的に認識しやすいが，互いの近傍に共存しているだけなのか直接相互作用しているのかの判別は難しいことにも留意する必要がある．また，色収差由来の画像歪みや重ね合わせ操作の空間精度について注意を必要とする．

蛍光共鳴エネルギー移動

近接した蛍光分子間で生じる，電子共鳴による励起エネルギーの移動．エネルギー供与側の蛍光分子（ドナー）の蛍光スペクトルと需要側の蛍光分子（アクセプター）の吸収スペクトルの重なりが大きいほど，より強く，またより遠距離でもエネルギー移動が生じる．

ゲノムインプリンティング

一般的に哺乳類は父親・母親由来の相同染色体をもつが，これらのもつ対立遺伝子の中には，DNA メチル化などによって片方の親の染色体由来の遺伝子のみが発現することがあらかじめ刷り込まれているものがある．この遺伝子発現制御現象のことをゲノムインプリンティングと呼ぶ．

減数分裂

精子や卵子などの配偶子形成の際に起こる細胞分裂．連続して 2 回の分裂が

起こることで核相が半分に減るため，このように呼ばれる．

恒常性

生物の体における環境を一定の状態に保持すること．体温や体液の浸透圧，pHなどの調節が代表的な例である．加えて，内分泌系によるホルモンの分泌制御や，免疫による異物の排除，創傷治癒なども重要である．体の環境が変化したときに，その変化を元の状態に戻そうとする作用が恒常性の本質である．

細胞系譜

受精卵から成体までの細胞の系譜．特定の細胞や組織，臓器がどの細胞をもとにして生まれてきたかを知る重要な手がかりとなる．特定の細胞を標識し，発生過程において標識細胞を追跡することで作成できる．

細胞小器官

細胞内に存在する核，ミトコンドリア，葉緑体等の主に膜で囲まれた構造物を指す．これらの細胞小器官は高倍率の顕微鏡や特殊な細胞染色によって観察できる．また詳細な構造は電子顕微鏡などで観察可能である．近年では，生きた状態で一部の細胞小器官が観察できるようになってきた．

サザンブロット

E. Southernが考案した，特定のDNAを同定するための手法．

視細胞

光受容細胞とも呼ばれる．眼に入った光を受け取り，その情報を電気信号へと変換し，網膜神経節細胞を介することで脳へと視覚情報を伝える機能をもつ．視細胞には暗所で機能する桿体細胞，および明所で機能する錐体細胞が存在する．

ステム基部

一本鎖RNAがとるヘアピン状の構造のうちループの部分ではない二本鎖構造をステム構造と呼び，その基点となる部分をステム基部と呼ぶ．

スプライシング

直鎖状ポリマーから一部分を取り除き，残りの部分を結合すること．主にRNAの反応を指し，DNAから転写されたmRNA前駆体から，直接タンパク質アミノ酸を決定していないイントロンを除き，残りの部分を結合して完全なタンパク質配列を示すmRNAを作ることを言う．

スライサー活性

argonaute familyタンパク質がもつ，標的となるRNAを切断する活性．

成体幹細胞

体性幹細胞や組織幹細胞とも呼ばれる．成体に存在する最終分化していない細胞のことで，適切な時期に特定の細胞に分化できる．言い換えれば，増殖能をもち，最終分化細胞の供給源として機能する重要な役割を担う．

前駆細胞

最終分化細胞を生み出すことができる細胞．細胞分裂や分化を介して，適切な時期に前駆細胞は最終分化細胞を産生する．

センス・アンチセンス RNA

特定の RNA をセンス RNA としたとき，それに対して相補的な配列をもつ RNA をアンチセンス RNA と呼ぶ．

セントロメア

染色体の中央部で染色分体同士をつなぎ止めている染色体領域を指す．この領域に対して紡錘体が付着し両極に移動することで，染色体の分裂が引き起こされる．

相同組換え

DNA 二本鎖切断の修復機構の一つ．第 5 章 5.2 節に詳しい．DNA 二本鎖切断が生じた領域と相同な配列を有する姉妹染色分体を鋳型として修復する機構である．

相同性

ある形態や遺伝子が共通の祖先に由来すること．外見や機能は似ているが共通の祖先に由来しない相似の対義語である．

相同染色体

同数の同一または対立遺伝子が同じ順序で配列されている染色体．

阻害剤

一般的に，特定の分子の活性部位や機能部位に結合することで，その機能を阻害する小分子化合物．天然由来のものや合成化合物など，その精製方法や用途は多岐にわたる．特に医学の分野では分子標的治療として用いられることがある．この場合，疾患を招く特定の分子を標的として，その機能を制御することにより治療する．

体細胞分裂

一つの細胞から染色体数が同じ二つの細胞を生み出す分裂．

ターゲティングベクター

遺伝子ターゲティングにおいて，相同組換えの鋳型として利用されるベクター．目的の外来配列の両端に，内在配列と相同な配列を付加した構造をとる．

多能性幹細胞

胚性幹細胞や人工多能性幹細胞などの分化多能性をもつ細胞のこと．マウスなどのモデル動物を用いた研究では，これらの細胞由来のマウス個体を作製することができる．試験管内では適切な培養条件によって，体の構成成分である三胚葉へと分化させることが可能．

淡色効果

一本鎖 DNA が二本鎖 DNA になったときに核酸塩基のモル吸収係数が減少する現象．DNA 二重らせんにインタカレートした色素においても観察されることが多い．

ディープシーケンス

次世代シーケンサーを用いた高深度の配列解析を指す用語．ここでは特定の遺伝子領域に存在する低頻度な変異を検出するために，同じ領域を複数回（たとえば数千回）読む作業を表している．

テロメア

真核生物の染色体の末端部分にある，反復配列をもつ DNA やいくつかのタンパク質からなる構造．染色体末端を保護する役割の他，さまざまな機能をもつと考えられている．

転移因子

細胞内において，ゲノム中の任意の領域に自身を挿入することにより，ゲノム上の位置を移動することができる遺伝子を，転移因子（トランスポゾン）と呼ぶ．

転写

生物のゲノム DNA の塩基配列をもとに，RNA が合成されることを指す．原理上，つの鋳型 DNA から複数の RNA をコピーすることができ，そのコピー数に依存してタンパク質の量を制御できる．ただし，ノンコーディング RNA など，タンパク質に翻訳されない RNA も報告されている．

転写因子

DNA に特異的に結合するタンパク質の一群．DNA 上のプロモーターやエンハンサーといった転写を制御する領域に結合し，DNA の遺伝情報を RNA に転写する過程を促進，あるいは逆に抑制する．転写因子はこの機能を単独で，または他のタンパク質と複合体を形成することによって実行する．

トランスクリプトーム解析

トランスクリプトームとは，細胞中に存在する mRNA すべての集合を指す．これらすべての mRNA の配列を読み取り解析することにより，その細胞における遺伝子発現状況を網羅的に把握することが可能になる．

ニッカーゼ

二本鎖 DNA の片側の鎖のみを切断する（＝ニックを入れる）酵素の総称．Cas9 には本来，二つのヌクレアーゼドメインが存在するが，その内の片方を不活化することで，ニッカーゼへと機能を変換することができる．

二倍体細胞

染色体が対となって二倍の染色体数をもつ細胞または個体を表す．

ヌクレアーゼ

核酸を分解または切断する酵素の総称．核酸を末端から分解するエキソヌクレアーゼと，核酸の内部を切断するエンドヌクレアーゼが存在するが，ゲノム編集において利用されるヌクレアーゼは，専ら DNA を基質とするエンドヌクレアーゼである．

稔性

有性生殖により子孫を残すことができること．ここでは特に雄ならば精子，雌ならば卵子を異常なく形成できることを指す．

ノックアウト

遺伝子ノックアウトとも呼ばれる．遺伝子配列の操作によって，その遺伝子の機能を破壊することを指す．多くの場合，遺伝子産物であるタンパク質の機能を完全に抑制する．主に，正常である野生型とノックアウト個体の表現型を解析することで，その遺伝子の役割を推定できる．

ノンアレリック

多くの真核生物は，両親から配偶子をとおしてそれぞれ1セットのゲノムを受け取ることによって，計2セットのゲノムをもつ．これはすなわち，各個体はそれぞれの遺伝子座について，2個の遺伝子をもつことを意味する．このとき，同じ遺伝子座を占める個々の遺伝子を対立遺伝子（アレル；allele）と呼ぶ．一方，ノンアレリックとは，異なる遺伝子座における遺伝子群を指す．

ハウスキーピングタンパク質遺伝子

特殊な機能は果たさないが生存に必須な役割を持つタンパク質をコードする遺伝子で，どの細胞でも常に発現している．たとえば細胞骨格タンパク質であるβ-アクチンや解糖系酵素GAPDH (glyceraldehyde-3-phosphate dehydrogenase) などが知られている．

パキテン期

減数第一分裂期において，対合した二価染色体が赤道面上に並ぶ時期を指す．

発生

胚発生とも呼ばれる．主に多細胞生物が受精卵から成体になるまでの過程を指す．発生生物学においては特に，特定の組織や臓器が形成される過程が研究対象とされる．また，これらの研究から得られた知識は疾患治療や再生医療にも役立つことがある．

パパイン処理

タンパク質分解酵素パパインと目的タンパク質とを混合し，目的タンパク質の分解を促すこと．抗体をパパイン処理すると部位特異的な分解が起こりFc領域と抗原認識部位であるFab領域に切断できる．

ハブ細胞

ショウジョウバエの雄胚生殖巣において，隣接する生殖幹細胞に作用することで，生殖幹細胞の分化制御などに寄与する細胞

バリアント

選択的スプライシングやアミノ酸変異による多様体を指す．ヒストンにおいて，細胞周期や組織特異的に発現するヒストンバリアントが報告されている．

ヒストンシャペロン

ヒストンと結合して，ヌクレオソームの形成を促進するタンパク質群．ヒストンバリアントを含むヌクレオソームの形成に関与する，特異的なヒストンシャペロンの存在が報告されている．

ヒストンテール

コアヒストン（ヒストン H2A, H2B, H3, H4）は安定な八量体の形成に必要なカルボキシル末端側の球状ドメインと特定の二次構造を持たないアミノ末端尾部から構成されており，このアミノ末端尾部をヒストンテールと呼ぶ．

ヒストンバーコード仮説

ヒストンバリアントを含む特異的なクロマチン構造を介した遺伝子発現制御機構を指す．

負の誘起 CD

円二色性（CD: circular dichroism）スペクトルは不斉を有する物質の吸収領域にコットン効果による吸収を示す．不斉をもたない分子が不斉のある物質と相互作用することによってその分子の吸収領域にコットン効果を示す場合がある．この際，負の吸収を示す場合が，負の誘起 CD と呼ばれる．これは，分子が不斉の物質に結合により固定化されたために起こると考えられる．

プラスミドベクター

環状二本鎖 DNA（プラスミド）を，任意の DNA 配列の運び屋（ベクター）として利用したもの．プラスミドベクターは大腸菌内で独立に複製し，増幅・維持させることが可能であることから，分子生物学実験においてよく利用されている．

プロモーター

遺伝子の転写活性を制御するゲノム領域であり，遺伝子をコードするゲノム領域の上流に存在する．プロモーターに RNA ポリメラーゼや転写因子などが結合することで，その転写調節が行われる．

分化

体を構成するさまざまな細胞が生み出されるプロセスのこと．分化した細胞の種類を大きく分けると，外胚葉や内胚葉，中胚葉となる．分化した細胞の例として，生殖細胞は遺伝情報を次世代へ伝える役割を担う．

分子スポンジ

circRNA が miRNA 分子を吸着することでその活性を抑えるモデルを，液体を吸収して内部に止める「スポンジ」に見立てた表現．

ヘテロクロニック遺伝子

胚発生の時間軸を制御する遺伝子の総称．

ヘテロクロマチン

クロマチンが凝集したゲノム領域のことであり，一般的に転写活性が低い．ヘテロクロマチンの対義語としてユークロマチンがあり，これはクロマチンが緩んだ構造をとり，転写活性が高い．

ペリセントロメア領域

染色体のセントロメア配列の近傍に位置するゲノム領域であり，数千から数万の繰り返し配列によって校正される．ゲノムの安定性などに寄与している．

ホメオティック遺伝子

動物の胚発生において，前後軸決定や体節形成に関与する遺伝子．

ホモログ

互いに機能や構造を同じくしているという関係性を示す言葉．相同．たとえば，別々の生物種において，機能や構造が類似しているタンパク質があったとき，各生物種に含まれるそのタンパク質（遺伝子）同士の関係は，ホモログであると言える．

翻訳

RNA（特にメッセンジャー RNA）の情報に基づいて，特定のタンパク質を合成する反応のこと．この過程では，メッセンジャー RNA の塩基配列に対応して，アミノ酸が重合し，ポリペプチド鎖（アミノ酸のポリマー）が作られる．ポリマーを構成するアミノ酸は 20 種類が知られている．このポリペプチド鎖はその機能に応じて，1 次構造から 4 次構造まで，構造を変化させることがある．言い換えれば，特有のコンフォメーションをとるように折り畳まれることで，タンパク質の機能は発揮される．

翻訳後修飾

タンパク質の生合成（翻訳）後に施される，アミノ酸の化学的な修飾を指す．翻訳後修飾により，タンパク質の機能や構造が調節される．

メンデルの法則

オーストリアの修道僧で生物学者，気象学者でもあった G. J. Mendel によって発見された遺伝の基本法則．優劣の法則，分離の法則，独立遺伝の法則の三つがある．

モルフォリノアンチセンスオリゴ

標的となる mRNA 配列と相補的な配列を有するオリゴヌクレオチドを，アンチセンスオリゴと称する．モリフォリノアンチセンスオリゴは，アンチセンスオリゴにヌクレアーゼ耐性を付与したもの．これを用いて特定の mRNA からの翻訳を阻害し，遺伝子機能を抑制することができる．

ユビキチン

76 個のアミノ酸からなるタンパク質で，他のタンパク質の修飾に用いられ，タンパク質分解，DNA 修復，翻訳調節，シグナル伝達などさまざまな生命現象に関わる．真正細菌には存在しない．

ラギング鎖

二本鎖 DNA は方向性をもつ二つの相補的な一本鎖 DNA より形成されている．DNA 複製において DNA ポリメラーゼは，5' から 3' 方向にしか伸長できない．したがって，二本鎖 DNA がほどけ

て形成する 5′ の断片は，岡崎フラグメントと呼ばれる断片が部分的に二本鎖を形成し，5′ から 3′ 方向に DNA 伸長が行われている．この岡崎フラグメントが合成されるほうの鎖はラギング鎖と呼ばれる．

リガーゼ

DNA の末端同士を連結する酵素．分子生物学実験においては，T4 ファージに由来する T4 DNA リガーゼが頻用される．

リーディング鎖

ラギング鎖と反対側の鎖．DNA ポリメラーゼが DNA 合成開始には RNA プライマーが必要なのでその部分が複製されないことになる．

リプログラミング

受精卵のように多分化能を有する細胞と分化した細胞とは，異なったエピジェネティック制御を受けている．分化細胞のエピジェネティック制御の情報（クロマチン構造やヒストンの化学修飾など）を消去し，受精卵と近い状態に初期化することを，（遺伝子）リプログラミングと呼ぶ．リプログラミングにより，細胞は多分化能を獲得する．

リボザイム

触媒として働くリボ核酸 (RNA) のこと．リボ酵素とも呼ばれる．

リポフェクション

生細胞に対する遺伝子導入法の一つ．細胞に導入したい DNA をカチオン性脂質リポソームに取り込ませ，そのリポソームをエンドサイトーシスにより細胞に取り込ませることで DNA を細胞内へと導入する．

ループアウト

一本鎖 RNA では，部分的な相補配列を介して塩基対形成が起こることで，しばしばステムループが形成される．gRNA にもいくつかのステムループが存在し，Cas9 の外側に露出するものもあることが知られている．ここではその領域をループアウトと表現している．

レトロトランスポゾン

転移因子（トランスポゾン）の一つ．RNA に転写した自身の配列を逆転写酵素で DNA として合成し，他の遺伝領域に組み込ませる，という転移の仕組みをもつものの総称である．

レポーター遺伝子

特定の遺伝子が発現するかを，主に視覚的に観測するために組み込む遺伝子のこと．たとえば，ある遺伝子の発現制御領域下に緑色蛍光タンパク質である GFP をコードする塩基配列を組み込むことで，その遺伝子の発現と同時にレポーター遺伝子である GFP が発現し，その細胞では緑色蛍光が観察される．

参考文献

第 1 章

[1] Klug, A., The tobacco mosaic virus particle : structure and assembly, *Phil. Trans. R. Soc. Lond. B* **354**, pp.531-535 (1999).

[2] Watson, J. D. and Crick, F. H. C., Molecular Structure of Nucleic Acids-A Structure for Deoxyribose Nucleic Acid-, *Nature* **171**, pp.737-738 (1953).

[3] Lerner, M. R., Boyle, J. A., Mount, S. M., Wolin, S. L., and Steitz, J. A., Are snRNPs involved in splicing ?, *Nature* **283**, pp.220-224 (1980).

[4] Lener, M. R. and Steitz, J. A., Antibodies to small nuclear RNAs complexed with proteins are produced by patients with systemic lupus erythematosus, *Proc. Natl. Acad. Sci. USA* **76**, pp.5495-5499 (1979).

[5] Zaug, A. J., Been, M. D., and Cech T. R., The tetrahymena ribozyme like an RNA restriction endonuclease, *Nature* **324**, pp.429-433 (1986).

[6] Fire, A., Xu, S., Montgomery, M., Kostas, S., Driver, S., and Mello, C., Potent and specific interference by double-stranded RNA in Caenorhabditis elegans, *Nature* **391**, pp.806-811 (1998).

[7] Ran, F. A., Cong, L., Yan, W. X., Scott, D. A., Gootenberg, J. S., Kriz, A. J., Zetsche, B., Shalem, O., Wu, X., Makarova, K. S., Koonin, E. V., Sharp, P. A., and Zhang, F., In vivo genome editing using Staphylococcus aureus Cas9, *Nature* **520**, pp.186-191 (2015).

[8] Kiuchi, T., Higuchi, M., Takamura, A., Maruoka, M., and Watanabe, N., Multitarget super-resolution microscopy with high-density labeling by exchangeable probes, *Nature Methods* **12**, pp.743-746 (2015).

[9] Maruyama, K., Kaniya, Y., Kashida, H., and Asanuma, H., Ultrasensitive molecular beacon designed with totally serinol nucleic acid (SNA) for monitoring mRNA in cells, *ChemBioChem* **16**, pp.1298-1301 (2015).

[10] Rosen D. R., Siddique, T., Patterson, D., *et al.*, Mutation in Cu/Zn superoxide dismutase gene are associated with familial amyotrophic lateral sclerosis, *Nature* **362**, pp.59-62 (1993).

[11] Arai, T., Hasegawa, M., Akiyama, H., *et al.*, TDP-43 is a component of ubiquitin-positive tau-negative inclusions in fronttemporal lobar degeneration and amy-

otrophic lateral sclerosis, *Biochem. Biophys. Res. Commun.* 351, pp.602-611 (2006).

[12] Neuman, M., Sampthu, D. M., Kwong, L. K., et al., Ubiquitinated TDP-43 in frontotemporal lobar degeneration and amyotrophic lateral sclerosis,*Science* 314, pp.130-133 (2006).

[13] Riku, Y., Watanabe, H., Yoshida, M., Tatsumi, S., Mimuro, M., Iwasaki, Y., Katsuno, M., Iguchi, Y., Masuda, M., Senda, J., Ishigaki, S., Udagawa, T., and Sobue, G. Lower motor neuron involvement in TAR DNA-binding protein of 43 kDa-related frontotemporal lobar degeneration and amyotrophic lateral sclerosis, *JAMA Neurol.* 71, pp.172-179 (2014).

[14] 永井真貴子，西山和利，筋萎縮性側索硬化症の病態解明と医療戦略，『北里医学』42, pp.85-91 (2012).

[15] Robberecht, W. and Philips, T., The changing scene of amyotrophic lateral sclerosis, *Nature Reviews*, pp.248-264 (2013).

[16] Kim, H. J., Kim, N. C., Wang, Y. D., et al., Mutations in prion-like domains in hnRNPA2B1 and hnRNPA1 cause multisystem proteinopathy and ALS. *Nature* 495, pp.467-473 (2013).

[17] Yamashita, T., Hideyama, T., Hachiga, K., Teramoto, S., Takano, J., Iwata, N., Saido, T. C., and Kwak, S., A role for calpain-dependent cleavage of TDP-43 in amyotrophic lateral sclerosis pathology, *Nature Communications*, pp.1-13 (2012).

[18] Hardy, J. and Selkoe, D.J., The amyloid hypothesis of Alzheimer's disease : progreaa and problems on the road to therapeutics, *Science* 297, pp.353-356 (2002).

[19] Yanagisawa, K., Okada, A. Suzuki, N., and Ihara, Y., GM1 ganglioside-bound amyloid β-protein (Aβ): a possible form of preamyloid in Alzheimer's disease, *Nat Med* 1, pp.1062 -1066 (1995).

[20] Travis, J., Making the cut, *Science* 350, pp.1456-1457 (2015).

[21] Sakuma, T. and Woltjen, K., Nuclease-mediated genome editing: At the front-line of functional genomics technology, *Dev. Growth Differ.* 56, pp.2-13 (2014).

[22] Fujii, H. and Fujita, T., Isolation of Specific Genomic Regions and Identification of Their Associated Molecules by Engineered DNA-Binding Molecule-Mediated Chromatin Immunoprecipitation (enChIP) Using the CRISPR System and TAL Proteins, *Int. J. Mol. Sci.* 16, pp.21802-21812 (2015).

[23] Gersbach, C.A. and Perez-Pinera, P., Activating human genes with zinc finger proteins, transcription activator-like effectors and CRISPR/Cas9 for gene therapy and regenerative medicine, *Expert Opin. Ther. Targets* 18, pp.835-839 (2014).

[24] Laufer, B.I. and Singh, S.M., Strategies for precision modulation of gene expression by epigenome editing: an overview, *Epigenetics Chromatin* 8, p.34 (2015).

[25] Miyanari, Y., TAL effector-mediated genome visualization (TGV), *Methods* **69**, pp.198-204 (2014).

[26] Sawai, S., Ohyama, K., Yasumoto, S., Seki, H., Sakuma, T., Yamamoto, T., Takebayashi, Y., Kojima, M., Sakakibara, H., Aoki, T., Muranaka, T., Saito, K., and Umemoto, N., Sterol side chain reductase 2 is a key enzyme in the biosynthesis of cholesterol, the common precursor of toxic steroidal glycoalkaloids in potato, *Plant Cell* **26**, pp.3763-3774 (2014).

[27] Xue, H.Y., Ji, L.J., Gao, A.M., Liu, P., He, J.D., and Lu, X.J., CRISPR-Cas9 for medical genetic screens : applications and future perspectives, *J. Med. Genet.*, **53**, pp.91-97 (2016).

[28] Ebina, H., Gee, P., and Koyanagi, Y., Perspectives of Genome-Editing Technologies for HIV Therapy, *Curr. HIV Res.* **14**, pp.2-8 (2016).

[29] Liang, P., Xu, Y., Zhang, X., Ding, C., Huang, R., Zhang, Z., Lv, J., Xie, X., Chen, Y., Li, Y., Sun, Y., Bai, Y., Songyang, Z., Ma, W., Zhou, C., and Huang, J., CRISPR/Cas9-mediated gene editing in human tripronuclear zygotes, *Protein Cell* **6**, pp.363-372 (2015).

[30] Webber, B.L., Raghu, S., and Edwards, O.R., Opinion: Is CRISPR-based gene drive a biocontrol silver bullet or global conservation threat ?, *Proc. Natl. Acad. Sci. USA* **112**, pp.10565-10567 (2015).

第 2 章

[1] Bianconi, E., Piovesan, A., Facchin, F., Beraudi, A., Casadei, R., Frabetti, F., Vitale, L., Pelleri, M. C., Tassani, S., Piva, F., Perez-Amodio, S., Strippoli, P., and Canaider, S., An estimation of the number of cells in the human body, *Ann. Hum. Biol.* **40**, pp. 463-471 (2013).

[2] Wilson, W. D. and Jones, R. L., Intercalation in Biological Systems, *Intercalation Chemistry* (Whittingha, S. M. Ed.), Elsevier, pp.445-501 (1982).

[3] McGhee, J. D. and von Hipple, P. H., Theoretical aspects of DNA-protein interactions: cooperative and non-cooperative binding of large ligands to a one-dimensional heterogeneous lattice, *J. Mol. Biol.* **86**, pp.469-489 (1974).

[4] 井出利憲, 檜山英三, 檜山圭子, 『がんとテロメア・テロメラーゼ』, 南山堂 (1999).

[5] Heddi, B. and Phan, T., Structure of Human Telomeric DNA in Crowded Solution, *J. Am. Chem. Soc.* **133**, pp 9824-9833 (2011).

[6] Mathad, R. I., Hatzakis, E., Dai, J., and Yang, D., c-MYC promoter G-quadruplex formed at the 50-end of NHE III1 element: insights into biological relevance and parallel-stranded G-quadruplex stability, *Nucl. Acids Res* **39**, pp. 9023-9033 (2011).

[7] Fernando, H., Reszka, A. P., Huppert, J., Ladame, S., Rankin, S., Venkitaraman, A. R., Neidle, S., and Balasubramanian, S., A Conserved Quadruplex Motif Located in a Transcription Activation Site of the Human c-kit Oncogene, *Biochemistry* **45**, pp. 7854-7860 (2006).

[8] Wang, J. M., Huang, F. C., Kuo, M. H., Wang, Z. F., Tseng, T. Y., Chang, L. C., Yen, S. J., Chang, T. C., and Lin, J. J., Inhibition of cancer cell migration and invasion through suppressing the Wnt1-mediating signal pathway by G-quadruplex structure stabilizers, *J. Biol. Chem.* **289**, pp.14612-14623 (2014).

[9] Biffi, G., Tannahill, D., McCafferty, J., and Balasubramanian, S., Quantitative visualization of DNA G-quadruplex structures in human cells, *Nat. Chem.* **5**, pp.182-186 (2013).

[10] Tseng, T. Y., Wang, Z. F., Chien, C. H. and Chang, T. C., In-cell optical imaging of exogenous G-quadruplex DNA by fluorogenic ligands, *Nucl. Acids Res.* **41**, pp.10605-10618 (2013).

[11] Huang, W. C., Tseng, T.-Y., Chen, Y.-T., Chang, C.-C., Wang, Z.-F., Wang, C.-L., Hsu, T.-N., Li, P.-T., Chen, C.-T., Lin, J.-J., Lou P.-J., and Chang, T.-C., Direct evidence of mitochondrial G-quadruplex DNA by using fluorescent anti-cancer agents, *Nucl. Acids Res.* **43**, pp.10102-10113 (2015).

[12] Salgado, G. F., Cazenave, C., Kerkour, A., and Mergny, J.-L., G-quadruplex DNA and ligand interaction in living cells using NMR spectroscopy, *Chem. Sci.* **6**, pp. 3314-3320 (2015).

[13] Ou, T.-M., Lu, Y.-J., Tan, J.-H., Huang, Z.-S., Wong, K.-Y., and Gu, L.-Q., G-Quadruplexes: Targets in Anticancer Drug Design,*ChemMedChem* **3**, pp. 690-713 (2008).

[14] Esaki, Y., Islam, M. M., Fujii, S., Sato, S., and Takenaka, S., Design of tetraplex specific ligands: cyclic naphthalene diimide, *Chem. Commun.* **50**, pp. 5967-5969 (2014).

[15] Kang, J. S., Meier, J. L., and Dervan, P. B., Design of Sequence-Specific DNA Binding Molecules for DNA Methyltransferase Inhibition, *J. Am. Chem. Soc.* **136**, pp.3687-3694 (2014).

[16] Pandian, G. N., Taniguchi, J., Junetha, S., Sato, S., Han, L., Saha, A., AnandhaKumar, C., Bando, T., Nagase, H., Vaijayanthi, T., Taylor, R. D., and Sugiyama, H., Distinct DNA-based epigenetic switches trigger transcriptional activation of silent genes in human dermal fibroblasts,*Scientific Reports* **4**, pp.3843 (2014).

[17] Morikawa, K. and Yanagida, M., Visualization of individual DNA molecules in solution by light microscopy: DAPI staining method, *J. Biochem.* **89 (2)**, pp.693-696 (1981).

[18] Moerner, W. E. and Kador, L., Optical detection and spectroscopy of single molecules in a solid, *Physical Review Letters* 62 (21), pp.2535-2538 (1989).
[19] Tokunaga, M., Kitamura, K., Saito, K., Iwane, A. H., and Yanagida, T., Single Molecule Imaging of Fluorophores and Enzymatic Reactions Achieved by Objective-Type Total Internal Reflection Fluorescence Microscopy, *Biochemical and Biophysical Research Communications* 235 (1), pp.47-53 (1997).
[20] Iino, R., Koyama, I., and Kusumi, A., Single molecule imaging of green fluorescent proteins in living cells: E-cadherin forms oligomers on the free cell surface, *Biophysical Journal* 80 (6), pp.2667-2677 (2001).
[21] Kusumi, A., Tsunoyama, T. A., Hirosawa, K. M., Kasai, R. S., and Fujiwara, T. K., Tracking single molecules at work in living cells, *Nat. Chem. Biol.* 10 (7), pp. 524-532 (2014).
[22] (a) Yamada, T., Yoshimura, H., Inaguma, A., and Ozawa, T., Visualization of non-engineered single mRNAs in living cells using genetically encoded fluorescent probes., *Anal. Chem.* (2011), (b) Yoshimura, H., Ozawa, T., Methods of split reporter reconstitution for the analysis of biomolecules, *Chem. Rec.* 14 (3), pp.492-501 (2014).
[23] Tokunaga, M., Imamoto, N., and Sakata-Sogawa, K., Highly inclined thin illumination enables clear single-molecule imaging in cells, *Nature Methods* 5 (2), pp. 159-161 (2008).
[24] Gao, L., Shao, L., Chen, B.-C., and Betzig, E., 3D live fluorescence imaging of cellular dynamics using Bessel beam plane illumination microscopy, *Nat. Protocols* 9 (5), pp.1083-1101 (2014).
[25] (a) Gebhardt, J. C. M., Suter, D. M., Roy, R., Zhao, Z. W., Chapman, A. R., Basu, S., Maniatis, T., and Xie, X. S., Single-molecule imaging of transcription factor binding to DNA in live mammalian cells., *Nature Methods* 10 (5), pp. 421-426 (2013), (b) Planchon, T. A., Gao, L., Milkie, D. E., Davidson, M. W., Galbraith, J. A., Galbraith, C. G., and Betzig, E., Rapid three-dimensional isotropic imaging of living cells using Bessel beam plane illumination, *Nature Methods* 8 (5), pp.417-23 (2011).
[26] Cocucci, E., Aguet, F., Boulant, S., and Kirchhausen, T., The first five seconds in the life of a clathrin-coated pit, *Cell* 150 (3), pp.495-507 (2012).
[27] Ozawa, T., Yoshimura, H., and Kim, S. B., Advances in Fluorescence and Bioluminescence Imaging, *Analytical Chemistry* 85 (2), pp. 590-609 (2013).
[28] (a) Kasai, R. S., Suzuki, K. G. N., Prossnitz, E. R., Koyama-Honda, I., Nakada, C., Fujiwara, T. K., and Kusumi, A., Full characterization of GPCR monomer-dimer dynamic equilibrium by single molecule imaging. *The Journal of Cell Biology* 192

(3), pp. 463-480 (2011), (b) Suzuki, K. G., Kasai, R. S., Hirosawa, K. M., Nemoto, Y. L., Ishibashi, M., Miwa, Y., Fujiwara, T. K., and Kusumi, A., Transient GPI-anchored protein homodimers are units for raft organization and function, *Nature Chemical Biology* 8 (9), pp. 774-783 (2012).

[29] Crawford, R., Torella, Joseph P., Aigrain, L., Plochowietz, A., Gryte, K., Uphoff, S., and Kapanidis, Achillefs N., Long-Lived Intracellular Single-Molecule Fluorescence Using Electroporated Molecules, *Biophysical Journal* 105 (11), pp.2439-2450 (2013).

[30] Calebiro, D., Rieken, F., Wagner, J., Sungkaworn, T., Zabel, U., Borzi, A., Cocucci, E., Zurn, A., and Lohse, M. J., Single-molecule analysis of fluorescently labeled G-protein-coupled receptors reveals complexes with distinct dynamics and organization, *Proceedings of the National Academy of Sciences* 110 (2), pp.743-748 (2012).

[31] (a) Chiu, C. S., Kartalov, E., Unger, M., Quake, S., and Lester, H. A., Single-molecule measurements calibrate green fluorescent protein surface densities on transparent beads for use with 'knock-in' animals and other expression systems., *Journal of Neuroscience Methods* 105 (1), pp.55-63 (2001), (b) Peterman, E. J. G., Brasselet, S.,and Moerner, W. E., The Fluorescence Dynamics of Single Molecules of Green Fluorescent Protein, *The Journal of Physical Chemistry A* 103 (49), pp.10553-10560 (1999).

[32] Patterson, G., Davidson, M., Manley, S., and Lippincott-Schwartz, J., Superresolution Imaging using Single-Molecule Localization, *Annual Review of Physical Chemistry* 61 (1), pp.345-367 (2010).

[33] Lukinavičius, G., Umezawa, K., Olivier, N., Honigmann, A., Yang, G., Plass, T., Mueller, V., Reymond, L., Corrêa Jr, I. R., Luo, Z.-G., Schultz, C., Lemke, E. A., Heppenstall, P., Eggeling, C., Manley, S.,and Johnsson, K., A near-infrared fluorophore for live-cell super-resolution microscopy of cellular proteins., *Nat Chem* 5 (2), pp. 132-139 (2013).

[34] Cheong, C. G. and Hall, T. M. T., Engineering RNA sequence specificity of Pumilio repeats, *Proceedings of the National Academy of Sciences* 103 (37), pp.13635-13639 (2006).

[35] Filipovska, A., Razif, M. F., Nygard, K. K.,and Rackham, O., A universal code for RNA recognition by PUF proteins, *Nat. Chem. Biol* .7 (7), pp.425-427 (2011).

第3章

[1] Miescher, F., Ueber die chemische Zusammensetzung der Eiterzellen. Hoppe-Seyler,*med. Chem. Unters.* 4, pp.441-460 (1871).

[2] Kossel, A., Ueber die chemische Beschaffenheit des Zellkerns. Munchen Med, *Wochenschrift* 58, pp.65-69 (1911).
[3] Cruft, H. J., Mauritzen, C. M., and Stedman, E., Abnormal properties of histones from malignant cells, *Nature* 174, pp.580-585 (1954).
[4] Johns, E. W., The electrophoresis of histones in polyacrylamide gel and their quantitative determination, *Biochem. J.* 104, pp.78-82 (1967).
[5] Pardon, J. F. and Wilkins, M. H. F., A super-coil model for nucleohistone, *J. Mol. Biol.* 68, pp.115-124 (1972).
[6] Clark, R. J. and Felsenfeld, G., Structure of chromatin, *Nat. New Biol.* 229, pp.101-106 (1971).
[7] Hewish, D. R. and Burgoyne, L. A., Chromatin sub-structure. The digestion of chromatin DNA at regularly spaced sites by a nuclear deoxyribonuclease., *Biochem. Biophys Res., Commun.* 52, pp.504-510 (1973).
[8] Olins, A. L. and Olins, D. L., Spheroid chromatin units (v body), *Science* 183, pp.330-332 (1974).
[9] Oudet, P., Gross-Bellard, M., and Chambon, P., Electron microscopic and biochemical evidence that chromatin structure is a repeating unit, *Cell* 4, pp.281-300 (1975).
[10] Kornberg, R. D. and Thomas, J. O., Chromatin structure, oligomers of the histones, *Science* 184, pp.865-868 (1974).
[11] Kornberg, R. D., Chromatin structure: a repeating unit of histones and DNA, *Science* 184, pp.868-871 (1974).
[12] Richmond, T. J., Finch, J. T., Rushton, B., Rhodes, D., and Klug, A., Structure of the nucleosome core particle at 7 A resolution, *Nature* 311, pp.532-537 (1984).
[13] Luger, K., Mäder, A. W., Richmond, R. K., Sargent, D. F. and Richmond, T. J., Crystal structure of the nucleosome core particle at 2.8 Å resolution, *Nature* 389, pp.251-260 (1997).
[14] Rouvière-Yaniv, J. and Gros, F., Characterization of a novel, low-molecular-weight DNA-binding protein from Escherichia coli, *Proc. Natl. Acad. Sci. USA* 72, pp.3428-3432 (1975).
[15] Johnson, T. B. and Coghill, R. D., Researches on pyrimidines. C111 The discovery of 5-methyl-cytosine in tuberculinic acid, the nucleic acid of the tubercle bacillus, *J. Am. Chem. Soc.* 47, pp.2838-2344 (1925).
[16] Holliday, R., The inheritance of epigenetic defects, *Science* 238, pp.163-170 (1987).
[17] Ball, M. P., Li, J. B., Gao, Y., Lee, J.-H., LeProust, E. M., Park, I.-H., Xie, B., Daley, G. Q.,and Church G. M., Targeted and genome-scale strategies reveal gene-body methylation signatures in human cells, *Nat. Biotechnol.* 27, pp.361-368

(2009).
[18] Osakabe, A., Adachi, F., Arimura, Y., Maehara, K., Ohkawa, Y., and Kurumizaka, H., Influence of DNA methylation on positioning and DNA flexibility of nucleosomes with pericentric satellite DNA, *Open Biol.* 5, pp.150-128 (2015).
[19] Bhaumik, S. R., Smith, E., and Shilatifard, A., Covalent modifications of histones during development and disease pathogenesis, *Nat. Struct. Mol. Biol.* 14, pp.1008-1016 (2007).
[20] Kouzarides, T., Chromatin Modifications and Their Function, *Cell* 128, pp.693-705 (2007).
[21] Tessarz, P. and Kouzarides, T., Histone core modifications regulating nucleosome structure and dynamics, *Nat. Rev. Mol. Cell Biol.* 15, pp.703-708 (2014).
[22] Strahl, B. D. and Allis, C. D., The language of covalent histone modifications, *Nature* 403, pp.41-45 (2000).
[23] Allfrey, V. G., Faulkner, R. and Mirsky, A. E., Acetylation and methylation of histones and their possible role in the regulation of RNA synthesis, *Proc. Natl. Acad. Sci. USA* 51, pp.786-794 (1964).
[24] Brownell, J. E., Zhou, J., Ranalli, T., Kobayashi, R., Edmondson, D. G., Roth, S. Y., and Allis, C. D., Tetrahymena histone acetyltransferase A: a homolog to yeast Gcn5p linking histone acetylation to gene activation, *Cell* 84, pp.843-851 (1996).
[25] Taunton, J., Hassig, C. A., and Schreiber, S. L., A mammalian histone deacetylase related to the yeast transcriptional regulator Rpd3p, *Science* 272, pp.408-411 (1996).
[26] Rea, S., Eisenhaber, F., O'Carroll, D., Strahl, B. D., Sun, Z. W., Schmid, M., Opravil, S., Mechtler, K., Ponting, C. P., Allis, C. D., and Jenuwein, T., Regulation of chromatin structure by site-specific histone H3 methyltransferases, *Nature* 406, pp.593-599 (2000).
[27] Nakayama, J., Rice, J. C., Strahl, B. D., Allis, C. D., and Grewal, S. I, Role of histone H3 lysine 9 methylation in epigenetic control of heterochromatin assembly., *Science* 292, pp.110-113 (2001).
[28] Shi, Y., Lan, F., Matson, C., Mulligan, P., Whetstine, J. R., Cole, P. A., Casero, R. A. and Shi, Y., Histone demethylation mediated by the nuclear amine oxidase homolog LSD1, *Cell* 119, pp.941-953 (2004).
[29] Klose, R. J., Kallin, E. M., and Zhang, Y., JmjC-domain-containing proteins and histone demethylation, *Nat. Rev. Genet.* 7, pp.715-727 (2006).
[30] Talbert, P. B., Ahmad, K., Almouzni, G., Ausió, J., Berger, F., Bhalla, P. L., Bonner, W. M., Cande, W. Z., Chadwick, B. P., Chan, S. W., Cross, G. A., Cui, L., Dimitrov, S. I., Doenecke, D., Eirin-López, J. M., Gorovsky, M. A., Hake, S. B., Hamkalo,

B. A., Holec, S., Jacobsen, S. E., Kamieniarz, K., Khochbin, S., Ladurner, A. G., Landsman, D., Latham, J. A., Loppin, B., Malik, H. S., Marzluff, W. F., Pehrson, J. R., Postberg, J., Schneider, R., Singh, M. B., Smith, M. M., Thompson, E., Torres-Padilla, M. E., Tremethick, D. J., Turner, B. M., Waterborg, J. H., Wollmann, H., Yelagandula, R., Zhu, B., and Henikoff, S., A unified phylogeny-based nomenclature for histone variants, *Epigenetics Chromatin* 5, 7 (2012).

[31] Hake, S. B. and Allis, C. D., Histone H3 variants and their potential role in indexing mammalian genomes: the "H3 barcode hypothesis.", *Proc. Natl. Acad. Sci. USA* 103, pp.6428-6435 (2006).

[32] Soboleva, T. A., Nekrasov, M., Ryan, D. P., and Tremethick, D. J., Histone variants at the transcription start-site, *Trends Genet.* 30, pp.199-209 (2014).

[33] Tolstorukov, M. Y., Goldman, J. A., Gilbert, C., Ogryzko, V., Kingston, R. E., and Park, P. J., Histone variant H2A.Bbd is associated with active transcription and mRNA processing in human cells, *Mol. Cell* 47, pp.596-607 (2012).

[34] Arimura, Y., Kimura, H., Oda, T., Sato, K., Osakabe, A., Tachiwana, H., Sato, Y., Kinugasa, Y., Ikura, T., Sugiyama, M., Sato, M., and Kurumizaka, H., Structural basis of a nucleosome containing histone H2A.B/H2A.Bbd that transiently associates with reorganized chromatin, *Sci. Rep.* 3, 3510 (2013).

[35] Tachiwana, H., Kagawa, W., Osakabe, A., Kawaguchi, K., Shiga, T., Hayashi-Takanaka, Y., Kimura, H., and Kurumizaka H., Structural basis of instability of the nucleosome containing a testis-specific histone variant, human H3T,*Proc. Natl. Acad, Sci. USA* 107, pp.10454-10459 (2010).

[36] Hammoud, S. S., Nix, D. A., Zhang, H., Purwar, J., Carrell, D. T., and Cairns, B. R., Distinctive chromatin in human sperm packages genes for embryo development, *Nature* 460, pp.473-477 (2009).

[37] Tachiwana, H., Kagawa, W., Shiga, T., Osakabe, A., Miya, Y., Saito, K., Hayashi-Takanaka, Y., Oda, T., Sato, M., Park, S. Y., Kimura, H., and Kurumizaka, H., Crystal structure of the human centromeric nucleosome containing CENP-A, *Nature* 476, pp.232-235 (2011).

[38] Hansen, R. S., Wijmenga, C., Luo, P., Stanek, A. M., Canfield, T. K., Weemaes, C. M., and Gartler, S. M., The DNMT3B DNA methyltransferase gene is mutated in the ICF immunodeficiency syndrome, *Proc. Natl. Acad. Sci. USA* 96, pp.14412-14417 (1999).

[39] Amir, R. E., Van den Veyver, I. B., Wan, M., Tran, C. Q., Francke, U. and Zoghbi, H. Y., Rett syndrome is caused by mutations in X-linked MECP2, encoding methyl-CpG-binding protein 2, *Nat. Genet.* 23, pp.185-188 (1999).

[40] Yoshida, M., Kijima, M., Akita, M., and Beppu, T., Potent and specific inhibition

of mammalian histone deacetylase both in vivo and in vitro by trichostatin A, *J. Biol. Chem.* 265, pp.17174-17179 (1990).

[41] Schwartzentruber, J., Korshunov, A., Liu, X. Y., Jones, D. T., Pfaff, E., Jacob, K., Sturm, D., Fontebasso, A. M., Quang, D. A., Tönjes, M., Hovestadt, V., Albrecht, S., Kool, M., Nantel, A., Konermann, C., Lindroth, A., Jäger, N., Rausch, T., Ryzhova, M., Korbel, J. O., Hielscher, T., Hauser, P., Garami, M., Klekner, A., Bognar, L., Ebinger, M., Schuhmann, M. U., Scheurlen, W., Pekrun, A., Frühwald, M. C., Roggendorf, W., Kramm, C., Dürken, M., Atkinson, J., Lepage, P., Montpetit, A., Zakrzewska, M., Zakrzewski, K., Liberski, P. P., Dong, Z., Siegel, P., Kulozik, A. E., Zapatka, M., Guha, A., Malkin, D., Felsberg, J., Reifenberger, G., von Deimling, A., Ichimura, K., Collins, V. P., Witt, H., Milde, T., Witt, O., Zhang, C., Castelo-Branco, P., Lichter, P., Faury, D., Tabori, U., Plass, C., Majewski, J., Pfister, S. M., and Jabado, N., Driver mutations in histone H3.3 and chromatin remodelling genes in paediatric glioblastoma, *Nature* 482, pp.226-231 (2012).

[42] Hua, S., Kallen, C. B., Dhar, R., Baquero, M. T., Mason, C. E., Russell, B. A., Shah, P. K., Liu, J., Khramtsov, A., Tretiakova, M. S., Krausz, T. N., Olopade, O. I., Rimm, D. L., and White, K. P., Genomic analysis of estrogen cascade reveals histone variant H2A.Z associated with breast cancer progression., *Mol. Syst. Biol.* 4, 188 (2008).

[43] Gévry, N., Hardy, S., Jacques, P. E., Laflamme, L., Svotelis, A., Robert, F., and Gaudreau, L., Histone H2A.Z is essential for estrogen receptor signaling, *Genes Dev.* 23, pp.1522-1533 (2009).

[44] Winkler, C., Steingrube, D. S., Altermann, W., Schlaf, G., Max, D., Kewitz, S., Emmer, A., Kornhuber, M., Banning-Eichenseer, U., and Staege, M. S., Hodgkin's lymphoma RNA-transfected dendritic cells induce cancer/testis antigen-specific immune responses, *Cancer Immunol. Immunother.* 61, pp.1769-1779 (2012).

[45] Lacoste, N., Woolfe, A., Tachiwana, H., Garea, A. V., Barth, T., Cantaloube, S., Kurumizaka, H., Imhof, A., and Almouzni, G., Mislocalization of the centromeric histone variant CenH3/CENP-A in human cells depends on the chaperone DAXX, *Mol. Cell* 53, pp.631-644 (2014).

[46] Gerhold, C.B. and Gasser, S.M., INO80 and SWR complexes: relating structure to function in chromatin remodeling, *Trends Cell Biol.* 24, pp.619-631 (2014).

[47] Oma, Y. and Harata, M., Actin-related proteins localized in the nucleus: from discovery to novel roles in nuclear organization, *Nucleus* 2, pp.38-46 (2011).

[48] Harata, M., Oma, Y., Tabuchi, T., Zhang, Y., Stillman, D.J., and Mizuno, S., Multiple actin-related proteins of Saccharomyces cerevisiae are present in the nucleus, *J. Biochem.* 128, pp.665-671 (2000).

[49] Sunada, R., Gorzer, I., Oma, Y., Yoshida, T., Suka, N., Wintersberger, U., and Harata, M., The nuclear actin-related protein Act3p/Arp4p is involved in the dynamics of chromatin-modulating complexes, *Yeast* 22, pp.753-768 (2005).
[50] Fenn, S., Breitsprecher, D., Gerhold, C.B., Witte, G., Faix, J., and Hopfner, K.P., Structural biochemistry of nuclear actin-related proteins 4 and 8 reveals their interaction with actin, *EMBO J.* 30, pp.2153-2166 (2011).
[51] Kast, D.J. and Dominguez, R., Arp you ready for actin in the nucleus ?, *EMBO J.* 30, pp.2097-2098 (2011).
[52] Harata, M., Oma, Y., Mizuno, S., Jiang, Y.W., Stillman, D.J., and Wintersberger, U., The nuclear actin-related protein of Saccharomyces cerevisiae, Act3p/Arp4, interacts with core histones, *Mol. Biol. Cell* 10, pp.2595-2605 (1999).
[53] Matsuda, R., Hori, T., Kitamura, H., Takeuchi, K., Fukagawa, T., and Harata, M., Identification and characterization of the two isoforms of the vertebrate H2A.Z histone variant, *Nucleic Acids Res.* 38, pp.4263-4273 (2010).
[54] Gerhold, C.B., Winkler, D.D., Lakomek, K., Seifert, F.U., Fenn, S., Kessler, B., Witte, G., Luger, K., and Hopfner, K.P., Structure of Actin-related protein 8 and its contribution to nucleosome binding, *Nucleic Acids Res.* 40, pp.11036-11046 (2012).
[55] Osakabe, A., Takahashi, Y., Murakami, H., Otawa, K., Tachiwana, H., Oma, Y., Nishijima, H., Shibahara, K.I., Kurumizaka, H., and Harata, M., DNA binding properties of the actin-related protein Arp8 and its role in DNA repair, *PLoS One.* 9, e108354 (2014).
[56] Takahashi, Y., Murakami, H., Akiyama, Y., Katoh, Y., Oma, Y., Nishijima, H., Shibahara, KI., Igarashi, K., and Harata, M., Actin Family Proteins in the Human INO80 Chromatin Remodeling Complex Exhibit Functional Roles in the Induction of Heme Oxygenase-1 with Hemin, *Front. Genet.* 8, 17 (2017).
[57] Hiraoka, Y. and Dernburg, A.F., The SUN rises on meiotic chromosome dynamics, *Dev. Cell.* 17, pp.598-605 (2009).
[58] Simon, D.N. and Wilson, K.L., The nucleoskeleton as a genome-associated dynamic 'network of networks', *Nat. Rev. Mol. Cell Biol.* 12, pp.695-708 (2011).
[59] Rajapakse, I. and Groudine, M., On emerging nuclear order, *J. Cell Biol.* 192, pp.711-721 (2011).
[60] Mehta, I.S., Amira, M., Harvey, A.J., and Bridger, J.M., Rapid chromosome territory relocation by nuclear motor activity in response to serum removal in primary human fibroblasts, *Genome Biol.* 11, R5 (2010).
[61] Meaburn, K.J., Gudla, P.R., Khan, S., Lockett, S.J., and Misteli, T., Disease-specific gene repositioning in breast cancer, *J. Cell Biol.* 187, pp.801-812 (2009).

[62] Boulon, S., Westman, B.J., Hutten, S., Boisvert, F.M., and Lamond, A.I., The nucleolus under stress, *Mol. Cell* 40, pp.216-227 (2010).

[63] Casolari, J.M., Brown, C.R., Komili, S., West, J., Hieronymus, H., and Silver, P.A., Genome-wide localization of the nuclear transport machinery couples transcriptional status and nuclear organization, *Cell* 117, pp.427-439 (2004).

[64] Yoshida, T., Shimada, K., Oma, Y., Kalck, V., Akimura, K., Taddei, A., Iwahashi, H., Kugou, K., Ohta, K., Gasser, S.M. *et al.*, Actin-related protein Arp6 influences H2A.Z-dependent and -independent gene expression and links ribosomal protein genes to nuclear pores, *PLoS Genet.* 6, e1000910 (2010).

[65] Akhtar, A. and Gasser, S.M. The nuclear envelope and transcriptional control. *Nat. Rev. Genet.* 8, pp.507-517 (2007).

[66] Nagai, S., Dubrana, K., Tsai-Pflugfelder, M., Davidson, M.B., Roberts, T.M., Brown, G.W., Varela, E., Hediger, F., Gasser, S.M., and Krogan, N.J., Functional targeting of DNA damage to a nuclear pore-associated SUMO-dependent ubiquitin ligase, *Science* 322, pp.597-602 (2008).

[67] Horigome, C., Oma, Y., Konishi, T., Schmid, R., Marcomini, I., Hauer, M.H., Dion, V., Harata, M., and Gasser, S.M., SWR1 and INO80 chromatin remodelers contribute to DNA double-strand break perinuclear anchorage site choice, *Mol. Cell* 55, pp.626-639 (2014).

[68] Mehta, I.S., Kulashreshtha, M., Chakraborty, S., Kolthur-Seetharam, U., and Rao, B.J., Chromosome territories reposition during DNA damage-repair response, *Genome Biol.* 14, R135 (2013).

[69] Miyamoto, K., Pasque, V., Jullien, J., and Gurdon, J.B., Nuclear actin polymerization is required for transcriptional reprogramming of Oct4 by oocytes, *Genes Dev.* 25, pp.946-958 (2011).

[70] Yamazaki, S., Yamamoto, K., Tokunaga, M., Sakata-Sogawa, K., and Harata, M., Nuclear actin activates human transcription factor genes including the OCT4 gene, *Biosci. Biotechnol. Biochem.* 79, pp.242-246 (2015).

[71] Shimada, K., Filipuzzi, I., Stahl, M., Helliwell, S.B., Studer, C., Hoepfner, D., Seeber, A., Loewith, R., Movva, N.R., and Gasser, S.M., TORC2 signaling pathway guarantees genome stability in the face of DNA strand breaks, *Mol. Cell* 51, pp.829-839 (2013).

[72] Yamazaki, S., Yamamoto, K., de Lanerolle, P., and Harata, M., Nuclear F-actin enhances the transcriptional activity of beta-catenin by increasing its nuclear localization and binding to chromatin., *Histochem Cell Biol.* 145, pp.389-399 (2016).

[73] Shumaker, D.K., Kuczmarski, E.R., and Goldman, R.D., The nucleoskeleton: lamins and actin are major players in essential nuclear functions, *Curr. Opin. Cell*

Biol. 15, pp.358-366 (2003).
[74] Kitamura, H., Matsumori, H., Kalendova, A., Hozak, P., Goldberg, I.G., Nakao, M., Saitoh, N., and Harata, M., The actin family protein ARP6 contributes to the structure and the function of the nucleolus, *Biochem. Biophys. Res. Commun.* 464, pp.554-560 (2015).
[75] Maruyama, E.O., Hori, T., Tanabe, H., Kitamura, H., Matsuda, R., Tone, S., Hozak, P., Habermann, F.A., von Hase, J., Cremer, C., *et al.*, The actin family member Arp6 and the histone variant H2A.Z are required for spatial positioning of chromatin in chicken cell nuclei, *J. Cell Sci.* 125, pp.3739-3743 (2012).
[76] Murray, K., The Occurrence of epsilon-N-methyl lysine in histones, *Biochemistry* 3, pp.10-15 (1964).
[77] Kim, S. and Paik, W. K., Studies on the origin of epsilon-N-methyl-L-lysine in protein, *The Journal of biological chemistry* 240, pp.4629-4634 (1965).
[78] Katz, J. E., Dlakic, M., and Clarke, S., Automated identification of putative methyltransferases from genomic open reading frames, *Molecular and cellular proteomics* 2, pp.525-540 (2003).
[79] Albert, M. and Helin, K., Histone methyltransferases in cancer, *Seminars in cell and developmental biology* 21, pp.209-220 (2010).
[80] Maurer-Stroh, S., Dickens, N. J., Hughes-Davies, L., Kouzarides, T., Eisenhaber, F., and Ponting, C. P., The Tudor domain 'Royal Family': Tudor, plant Agenet, Chromo, PWWP and MBT domains, *Trends in biochemical sciences* 28, pp.69-74 (2003).
[81] Taverna, S. D., Li, H., Ruthenburg, A. J., Allis, C. D., and Patel, D. J., How chromatin-binding modules interpret histone modifications: lessons from professional pocket pickers, *Nature structural and molecular biology* 14, pp.1025-1040 (2007).
[82] Clarke, S., Protein methylation, *Current opinion in cell biology* 5, pp.977-983 (1993).
[83] Fischle, W., Wang, Y., and Allis, C. D., Binary switches and modification cassettes in histone biology and beyond, *Nature* 425, pp.475-479 (2003).
[84] Fischle, W., Tseng, B. S., Dormann, H. L., Ueberheide, B. M., Garcia, B. A., Shabanowitz, J., Hunt, D. F., Funabiki, H., and Allis, C. D., Regulation of HP1-chromatin binding by histone H3 methylation and phosphorylation, *Nature* 438, pp.1116-1122 (2005).
[85] Ahmad, K. and Henikoff, S., The histone variant H3.3 marks active chromatin by replication-independent nucleosome assembly, Molecular cell 9, pp1191-1200 (2002).

[86] Janicki, S. M., Tsukamoto, T., Salghetti, S. E., Tansey, W. P., Sachidanandam, R., Prasanth, K. V., Ried, T., Shav-Tal, Y., Bertrand, E., Singer, R. H., and Spector, D. L., From silencing to gene expression: real-time analysis in single cells, *Cell* 116, pp.683-698 (2004).

[87] Johnson, K., Pflugh, D. L., Yu, D., Hesslein, D. G., Lin, K. I., Bothwell, A. L., Thomas-Tikhonenko, A., Schatz, D. G., and Calame, K., B cell-specific loss of histone 3 lysine 9 methylation in the V(H) locus depends on Pax5, *Nature immunology* 5, pp.853-861 (2004).

[88] Allis, C. D., Bowen, J. K., Abraham, G. N., Glover, C. V., and Gorovsky, M. A., Proteolytic processing of histone H3 in chromatin: a physiologically regulated event in Tetrahymena micronuclei, *Cell* 20, pp.55-64 (1980).

[89] Santos-Rosa, H., Kirmizis, A., Nelson, C., Bartke, T., Saksouk, N., Cote, J., and Kouzarides, T., Histone H3 tail clipping regulates gene expression, *Nature structural and molecular biology* 16, pp.17-22 (2009).

[90] Kim, S., Benoiton, L., and Paik, W. K., Epsilon-alkyllysinase. Purification and properties of the enzyme, *The Journal of biological chemistry* 239, pp.3790-3796 (1964).

[91] Shi, Y., Lan, F., Matson, C., Mulligan, P., Whetstine, J. R., Cole, P. A., and Shi, Y., Histone demethylation mediated by the nuclear amine oxidase homolog LSD1, *Cell* 119, pp.941-953 (2004).

[92] Tsukada, Y. Fang, J., Erdjument-Bromage, H., Warren, M. E., Borchers, C. H., Tempst, P., and Zhang, Y., Histone demethylation by a family of JmjC domain-containing proteins, *Nature* 439, pp.811-816 (2006).

[93] Schneider, R., and Grosschedl, R., Dynamics and interplay of nuclear architecture, genome organization, and gene expression, *Genes Dev.* 21, pp.3027-3043 (2007).

[94] Ong, C.-T. and Corces, V. G., Enhancer function: new insights into the regulation of tissue-specific gene expression, *Nat. Rev. Genet.* 12, pp.283-293 (2011).

[95] Hübner, M. R., Eckersley-Maslin, M. A., and Spector, D. L., Chromatin organization and transcriptional regulation, *Curr. Opin. Genet. Dev.* 23, pp.89-95 (2013).

[96] Filiatreau, C., Organization of the Mitotic Chromosome. 1–10, doi:10.1126/science,1230683 (2013).

[97] Fraser, P. and Bickmore, W., Nuclear organization of the genome and the potential for gene regulation, *Nature* 447, pp.413-417 (2007).

[98] Cremer, T. and Cremer, M., Chromosome Territories, *Cold Spring Harbor Perspectives in Biology* 2, a003889-a003889 (2010).

[99] Dekker, J., Rippe, K., Dekker, M., and Kleckner, N., Capturing chromosome conformation, *Science* 295, pp.1306-1311 (2002).

[100] Gibcus, J. H. and Dekker, J., The Hierarchy of the 3D Genome, *Mol. Cell* 49, pp.773-782 (2013).

[101] Dekker, J., Marti-Renom, M. A., and Mirny, L. A., Exploring the three-dimensional organization of genomes: interpreting chromatin interaction data, *Nat. Rev. Genet.* 14, pp.390-403 (2013).

[102] Dixon, J. R., *et al.*, Topological domains in mammalian genomes identified by analysis of chromatin interactions, *Nature* 485, pp.376-380 (2012).

[103] Tang, Z., *et al.*, CTCF-Mediated Human 3D Genome Architecture Reveals Chromatin Topology for Transcription, *Cell* 163, pp.1611-1627 (2015).

[104] Feuerborn, A. and Cook, P. R., Why the activity of a gene depends on its neighbors, *Trends Genet* 31, pp.483-490 (2015).

[105] Lai, F., Gardini, A., Zhang, A. and Shiekhattar, R,. Integrator mediates the biogenesis of enhancer RNAs, *Nature* 525, pp.399-403 (2015).

[106] Buenrostro, J. D., Giresi, P. G., Zaba, L. C., Chang, H. Y., and Greenleaf, W. J. Transposition of native chromatin for fast and sensitive epigenomic profiling of open chromatin, DNA-binding proteins and nucleosome position. *Nat. Meth.* 10, pp.1213-1218 (2013).

[107] Lara-Astiaso, D., *et al.*, Immunogenetics. Chromatin state dynamics during blood formation, *Science* 345, pp.943-949 (2014).

[108] Cusanovich, D. A., *et al.*, Multiplex single-cell profiling of chromatin accessibility by combinatorial cellular indexing, *Science* 348, pp.910-914 (2015).

[109] Buenrostro, J. D., *et al.*, Single-cell chromatin accessibility reveals principles of regulatory variation, *Nature* 523, pp.486-490 (2015).

[110] Solovei, I., *et al.*, Nuclear architecture of rod photoreceptor cells adapts to vision in mammalian evolution, *Cell* 137, pp.356-368 (2009).

[111] Lindhout, B. I., *et al.*, Live cell imaging of repetitive DNA sequences via GFP-tagged polydactyl zinc finger proteins, *Nucleic Acids Res.* 35, e107 (2007).

[112] Miyanari, Y., Ziegler-Birling, C., and Torres-Padilla, M.-E., Live visualization of chromatin dynamics with fluorescent TALEs, *Nat. Struct. Mol. Biol.* 20, pp.1321-1324 (2013).

[113] Chen, B., *et al.*, Dynamic Imaging of Genomic Loci in Living Human Cells by an Optimized CRISPR/Cas System, *Cell* 155, pp.1479-1491 (2013).

[114] Boettiger, A. N., *et al.*, Super-resolution imaging reveals distinct chromatin folding for different epigenetic states, *Nature* 529, pp.418-422 (2016).

第 4 章

[1] Napoli, C., Lemieux, C., and Jorgensen, R., Introduction of a Chimeric Chalcone

Synthase Gene into Petunia Results in Reversible Co-Suppression of Homologous Genes in trans, *Plant Cell* 2, pp.279-289 (1990).

[2] Ramano, N. and Macino, G., Quelling :transient inactivation of gene expression in Neurospora crassa by transformation with homologous sequences, *Mol Microbiol* 6, pp.3343-3353 (1992).

[3] Guo, S. and Kemphues, K.J., par-1, a gene required for establishing polarity in C. elegans embryos, encodes a putative Ser/Thr kinase that is asymmetrically distributed, *Cell* 81, pp.611-620 (1995).

[4] Fire, A., Xu, S.Q., Montgomery, M.K., Kostas, S. A., Driver, S. E., and Mello, C.C., Potent and specific genetic interference by double-stranded RNA in Caenorhabditis elegans, *Nature* 391, pp.806-811 (1998).

[5] Lee, R.C., Feinbaum, R.L., and Ambros, V., The C. elegans Heterochronic Gene lin-4 Encodes Small RNAs with Antisense Complementarity to &II-14, *Cell* 75, pp.843-854 (1993).

[6] Girard, A., Sachidanandam, R., and Hannon, G.J., A germline-specific class of small RNAs binds mammalian Piwi proteins, *Nature* 442, pp.199-202 (2006).

[7] Aravin, A., Gaidatzis, D., Pfeffer, S., *et al.*, A novel class of small RNAs bind to MILI protein in mouse testes, *Nature* 442, pp.203-207 (2006).

[8] Hammond, S.M., Boettcher, S., Caudy, A.A., *et al.*, Opening Up the RNA Killing Machine, *Science* 293, pp.1146-1150 (2001).

[9] Siomi, H. and Siomi, M.C., On the road to reading the RNA-interference code, *Nature* 457, pp.396-404 (2009).

[10] Kawamura, Y., Saito, K., and Kin, T., *et al.*, Drosophila endogenous small RNAs bind to Argonaute 2 in somatic cells, *Nature* 453, pp.793-797 (2008).

[11] Czech, B., Mallon, C.D., Zhou, R., *et al.*, An endogenous small interfering RNA pathway in Drosophila, *Nature* 453, pp.798-802 (2008).

[12] Okamura, K., Chung, W.J., Ruby, J.G., *et al.*, The Drosophila hairpin RNA pathway generates endogenous short interfering RNAs, *Nature* 453, pp.803-806 (2008).

[13] Tam, O.H., Aravin, A.A., Stein, P., *et al.*, Pseudogene-derived small interfering RNAs regulate gene expression in mouse oocytes, *Nature* 453, pp.534-538 (2008).

[14] Watanabe, T., Totoki, Y., Toyoda, A., *et al.*, Endogenous siRNAs from naturally formed dsRNAs regulate transcripts in mouse oocytes, *Nature* 453, pp.539-543 (2008).

[15] Bernstein, E., Caudy, A.A., Hammond, S.M., *et al.*, Role for a bidentate ribonuclease in the initiation step of RNA interference, *Nature* 409, pp.363-366 (2001).

[16] Liu, Q.H., Rand, T.A., Kalidas, S., *et al.*, R2D2, a Bridge Between the Initiation

and Effector Steps of the Drosophila RNAi Pathway, *Science* 301, pp.1921-1925 (2003).
[17] Kumiko, U.T., Yuki, N., Fumitaka, T., *et al.*, Guidelines for the selection of highly effective siRNA sequences for mammalian and chick RNA interference, *Nucleic Acids Res* 32, pp.936-948(2004).
[18] Allshire, R.C., Javerzat, J.P., Redhead, N.J., *et al.*, Position effect variegation at fission yeast centromeres, *Cell* 76, pp.157-169 (1994).
[19] Thon, G., Cohen, A., Klar, A.J., *et al.*, Three additional linkage groups that repress transcription and meiotic recombination in the mating-type region of Schizosaccharomyces pombe, *Genetics* 138, pp.29-38 (1994).
[20] Nakayama, J., Rice, J.C., Strahl, B.D., *et al.*, Role of Histone H3 Lysine 9 Methylation in Epigenetic Control of Heterochromatin Assembly, *Science* 292, pp.110-113 (2001).
[21] Volpe, T. A., Kidner, C., Hall, I. M., *et al.*, Regulation of heterochromatic silencing and histone H3 lysine-9 methylation by RNAi, *Science* 297, pp.1833-1837 (2002).
[22] Verdel, A., Jia, S. T., Gerber, S., *et al.*, RNAi-mediated targeting of heterochromatin by the RITS complex, *Science* 303, pp.672-676 (2004).
[23] Bayne, E.H., White, S. A., Kagansky, A., *et al.*, Stc1 :A Critical Link between RNAi and Chromatin Modification Required for Heterochromatin Integrity, *Cell* 140, pp.666-677 (2010).
[24] Wightman, B., Ha, I., and Ruvkun, G., Posttranscriptional regulation of the heterochronic gene lin-14 by lin-4 mediates temporal pattern formation in C. elegans, *Cell* 75, pp.855-862 (1993).
[25] Reinhart, B.J., Slack, F.J., Basson, M., *et al.*, The 21-nucleotide let-7 RNA regulates developmental timing in Caenorhabditis elegans, *Nature* 403, pp.901-906 (2000).
[26] Pasquinelli, A.E., Reinhart, B.J., Slack, F., *et al.*, Conservation of the sequence and temporal expression of let-7 heterochronic regulatory RNA, *Nature* 408, pp.86-89 (2000).
[27] Lee, Y., Ahn, C., Han, J.J., *et al.*, The nuclear RNase III Drosha initiates microRNA processing, *Nature* 425, pp.415-419 (2003).
[28] Denli, A.M., Tops. B.B.J., Plasterk, R.H.A., *et al.*, Processing of primary microRNAs by the Microprocessor complex, *Nature* 432, pp.231-235 (2004).
[29] Gregory, R.I., Yan, K.P., Amuthan, G., *et al.*, The Microprocessor complex mediates the genesis of microRNAs, *Nature* 432, pp.235-240 (2004).
[30] Han, J.J., Lee, Y., Yeom, K.H., *et al.*, Molecular basis for the recognition of primary microRNAs by the Drosha-DGCR8 complex, *Cell* 125, pp.887-901(2006).

[31] Iwasaki, S., Kawamata, T., and Tomari, Y., Drosophila argonaute1 and argonaute2 employ distinct mechanisms for translational repression, *Mol Cell* 34, pp.58-67 (2009).

[32] Lim, J., Ha, M., Chang, H., *et al.*, Uridylation by TUT4 and TUT7 Marks mRNA for Degradation, *Cell* 159, pp.1365-1376 (2014).

[33] Llave, C., Xie, Z.X., Kasschau, K.D., *et al.*, Cleavage of Scarecrow-like mRNA targets directed by a class of Arabidopsis miRNA, *Science* 297, pp.2053-2056 (2002).

[34] Brodersen, P., Sakvarelidze-Achart, L., Bruun-Rasmussen, M., *et al.*, Widespread translational inhibition by plant miRNAs and siRNAs, *Science* 320, pp.1185-1190 (2008).

[35] Barr, M.L. and Bertram, E.G., A Morphological Distinction between Neurones of the Male and Female, and the Behaviour of the Nucleolar Satellite during Accelerated Nucleoprotein Synthesis, *Nature* 163, pp.676-677 (1949).

[36] Lyon, M.F., Gene Action in the X-chromosome of the Mouse (Mus musculus L.), *Nature* 190, pp.372-373 (1961).

[37] Brown, C.J., Ballabio A, Rupert, J.L., *et al.*, A gene from the region of the human X inactivation centre is expressed exclusively from the inactive X chromosome, *Nature* 349, pp.38-44 (1991).

[38] Borsani, G., Tonlorenzi, R., Simmler MC., *et al.*, Characterization of a murine gene expressed from the inactive X chromosome, *Nature* 351, pp.325-329 (1991).

[39] Brockdorff, N., Ashworth, A., Kay, G.F., *et al.*, Conservation of position and exclusive expression of mouse Xist from the inactive X chromosome, *Nature* 351, pp.329-331 (1991).

[40] Brockdorff, N., Ashworth, A., Kay, G.F., *et al.*, The product of the mouse Xist gene is a 15kb inactive X-specific transcript containing no conserved ORF and located in the nucleus, *Cell* 71, pp.515-526 (1992).

[41] Brown, Cj., Hendrich, B.D., Rupert, J.L., *et al.*, The human XIST gene: analysis of a 17kb inactive X-specific RNA that contains conserved repeats and is highly localized within the nucleus, *Cell* 71, pp.527-542 (1992).

[42] Clemson, CM., McNeil, J.A., Willard, H.F., *et al.*, XIST RNA paints the inactive X chromosome at interphase: evidence for a novel RNA involved in nuclear/chromosome structure, *J. Cell Biol* 132, pp.259-275 (1996).

[43] Meller, V.H., Wu, K.H., Roman, G., *et al.*, roX1 RNA paints the X chromosome of male Drosophila and is regulated by the dosage compensation system, *Cell* 88, pp.445-457 (1997).

[44] Amrein, H. and Axel, R., Genes expressed in neurons of adult male Drosophila,

Cell **88**, pp.459-469 (1997).
[45] Kelley, R.L., Meller, V.H., Gordadze, P.R., *et al.*, Epigenetic spreading of the Drosophila dosage compensation complex from roX RNA genes into flanking chromatin, *Cell* **98**, pp.513-522 (1999).
[46] Smith, E.R., Pannuti, A., Gu, W.G., *et al.*, The Drosophila MSL Complex Acetylates Histone H4 at Lysine 16, a Chromatin Modification Linked to Dosage Compensation, *Mol. Cell. Biol.* **20**, pp.312-318 (2000).
[47] Rinn, J.L., Kertesz, M., Wang, J.K., *et al.*, Functional Demarcation of Active and Silent Chromatin Domains in Human HOX Loci by Non-Coding RNAs, *Cell* **129**, pp.1311-1323 (2007).
[48] Li, L., Liu, Bo., Wapinski, O.L., *et al.*, Targeted disruption of Hotair leads to homeotic transformation and gene derepression, *Cell Rep.* **5**, pp.3-12 (2013).
[49] Watanabe, Y. and Yamamoto, M., S. pombe mei2+ Encodes an RNA-Binding Protein Essential for Premeiotic DNA Synthesis and Meiosis I, Which Cooperates with a Novel RNA Species meiRNA, *Cell* **78**, pp.487-498 (1994).
[50] Ding, D.Q., Okamasa, K., Yamane, M., *et al.*, Meiosis-specific noncoding RNA mediates robust pairing of homologous chromosomes in meiosis, *Science* **336**, pp.732-736 (2012).
[51] Ji, P., Diederichs, S., Wang, W., *et al.*, MALAT-1, a novel noncoding RNA, and thymosin bold italic beta4 predict metastasis and survival in early-stage non-small cell lung cancer, *Oncogene* **22**, pp.8031-8041 (2003).
[52] Gutschner, T., Haemmerie, M., Eissman, M., *et al.*, The Noncoding RNA MALAT1 Is a Critical Regulator of the Metastasis Phenotype of Lung Cancer Cells, *Cancer Res.* **73**, pp.1180-1189 (2013).
[53] Yang, L., Lin, C., Liu, W., *et al.*, ncRNA- and Pc2 Methylation-Dependent Gene Relocation between Nuclear Structures Mediates Gene Activation Programs, *Cell* **147**, pp.773-788 (2011).
[54] Fox, A.H., Lam, Y.W., Leung, A.K.L., *et al.*, Paraspeckles : a novel nuclear domain, *Curr. Biol.* **12**, pp.13-25, (2002).
[55] Sasaki, Y.T., Ideue, T., Sano, M., *et al.*, Paraspeckles : Possible Nuclear Hubs by the RNA for the RNA, *Proc Natl. Acad. Sci. USA* **106**, pp.2525-2530 (2009).
[56] Sunwoo, H., Dinger, M.E., Wilusz, J.E., *et al.*, MEN ε/β nuclear-retained noncoding RNAs are up-regulated upon muscle differentiation and are essential components of paraspeckles, *Genome Res.* **19**, pp.347-359 (2009).
[57] Clemson, C.M., Hutchinson, J.N., Sara, S.A., *et al.*, An architectural role for a nuclear noncoding RNA: NEAT1 RNA is essential for the structure of paraspeckles, *Mol. Cell* **33**, pp.717-726 (2009).

[58] Chen, L.L. and Carmichael, G.G. Altered nuclear retention of mRNAs containing inverted repeats in human embryonic stem cells: Functional role of a nuclear noncoding RNA, *Mol. Cell* 35, pp.467-478 (2009).

[59] Naganuma, T., Nakagawa, S., Tanigawa, A., *et al.*, Alternative 3′-end processing of long noncoding RNA initiates construction of nuclear paraspeckles, *EMBO J.* 31, pp.4020-4034 (2012).

[60] Hirose, T., Vimicchi, G., Tanigawa, A., et al., NEAT1 long noncoding RNA regulates transcription via protein sequestration within subnuclear bodies, Mol. *Biol. Cell* 25, pp.169-183 (2014).

[61] Hansen, T.B., Jensen, T.I., Clausen, B.H., *et al.*, Natural RNA circles function as efficient microRNA sponges, *Nature* 495, pp.384-388 (2013).

[62] Memczak, S., Jens, M., Elefsinioti, A., *et al.*, Circular RNAs are a large class of animal RNAs with regulatory potency, *Nature* 495, pp.333-338 (2013).

[63] Kazazian, H.H., Mobile Elements :Drivers of Genome Evolution, *Science* 303, pp.1626-1632 (2004).

[64] Girard, A., Sachidanandam, R., Hannon, G.J., *et al.*, A germline-specific class of small RNAs binds mammalian Piwi proteins, *Nature* 442, pp.199-202 (2006).

[65] Cox, D.N., Chao, A., Baker, J., et al., A novel class of evolutionarily conserved genes defined by piwi are essential for stem cell self-renewal, *Genes Dev.* 12, pp.3715-3727 (1998).

[66] Saito, K., Sakaguchi, Y., Suzuki, T., *et al.*, Pimet, the Drosophila homolog of HEN1, mediates 2′-O-methylation of Piwi-interacting RNAs at their 3′ends, *Genes Dev.* 21, pp.1603-1608 (2007).

[67] Schmid, A., Palumbo, G., Bozzetti, M.P., *et al.*, Genetic and Molecular Characterization of sting, a Gene Involved in Crystal Formation and Meiotic Drive in the Male Germ Line of Drosophila melanogaster, *Genetics* 151, pp.749-760 (1999).

[68] Li, C., Vagin, V.V., Lee, S., *et al.*, Collapse of germline piRNAs in the absence of Argonaute3 reveals somatic piRNAs in flies, *Cell* 137, pp.509-521 (2009).

[69] Kuramochi-Miyagawa, S., Kimura, T., Yomogida, K., et al., Two Mouse Piwi-Related Genes: Miwi and Mili, *Mech Dev.* 108, pp.121-133 (2001).

[70] Carmell, MA., Girard, A., van de Kant, H.J., *et al.*, MIWI2 is essential for spermatogenesis and repression of transposons in the mouse male germline, *Dev. Cell* 12, pp.503-514 (2007).

[71] Sasaki, T., Shiohama, A., Minoshima, S., et al., Identification of eight members of the Argonaute family in the human genome, *Genomics* 82, pp.323-330 (2003).

[72] Liu, J., Carmell, M.A., Rivas, F.V., *et al.*, Argonaute2 Is the Catalytic Engine of Mammalian RNAi, *Science* 305, pp.1437-1441 (2004).

[73] Parker, J.S., Roe, S.M., and Barford, D., Crystal structure of a PIWI protein suggests mechanisms for siRNA recognition and slicer activity, *EMBO J.* 23, pp.4727-4737 (2004).
[74] Aravin, A.A., Lagos-Quintana, M., Yalcin, A., *et al.*, The small RNA profile during Drosophila melanogaster development, *Dev. Cell* 5, pp.337-350 (2003).
[75] Saito, K., Nishida, K.M., Mori, T., *et al.*, Specific association of Piwi with rasiRNAs derived from retrotransposon and heterochromatic regions in the Drosophila genome, *Genes Dev.* 20, pp.2214-2222 (2006).
[76] Lin, H. and Spradling, A.C., A novel group of pumilio mutations affects the asymmetric division of germline stem cells in the Drosophila ovary, *Development* 124, pp.2463-2476 (1997).
[77] McKee, B.D. and Satter, M.T., Structure of the Y chromosomal Su(Ste) locus in Drosophila melanogaster and evidence for localized recombination among repeats, *Genetics* 142, pp.149-61 (1996).
[78] Aravin, A.A., Lagos-Quintana, M., Yalcin, A., *et al.*, The small RNA profile during Drosophila melanogaster development, *Dev. Cell* 24, pp.337-350 (2003).
[79] Vagin, V.V., Sigova, A., Li, C., *et al.*, A distinct small RNA pathway silences selfish genetic elements in the germline, *Science* 313, pp.320-324 (2006).
[80] Nishida, K.M., Saito, K., Mori, T., *et al.*, Gene silencing mechanisms mediated by Aubergine–piRNA complexes in Drosophila male gonad, *RNA* 13, pp.1911-1922 (2007).
[81] Brennecke, J., Aravin, A.A., Stark, A., *et al.*, Discrete small RNA-generating loci as master regulators of transposon activity in Drosophila., *Cell* 128, pp.1089-1103 (2007).
[82] Gunawardane, L.S., Saito, K., Nishida, K.M., *et al.*, A slicer-mediated mechanism for repeat-associated siRNA 5ʹ end formation in Drosophila, *Science* 315, pp.1587-1590 (2007).
[83] Saito, K., Inagaki, S., Mituyama, T., et al., A regulatory circuit for piwi by the large Maf gene traffic jam in Drosophila, *Nature* 461, pp.1296-1299 (2009).
[84] Malon, C.D., Brennecke, J., Dus, M., *et al.*, Specialized piRNA pathways act in germline and somatic tissues of the Drosophila ovary, *Cell* 137, pp.522-535 (2009).
[85] Grivna, S.T., Beyret, E., Wang, Z., et al., A novel class of small RNAs in mouse spermatogenic cells, *Genes Dev.* 20, pp.1709-1714 (2006).
[86] Houwing, S., Kamminga, L.M., Berezikov, E., *et al.*, A role for Piwi and piRNAs in germ cell maintenance and transposon silencing in Zebrafish, *Cell* 129, pp.69-82 (2007).

[87] Pane, A., Wehr, K., Schüpbach, T., zucchini and squash encode two putative nucleases required for rasiRNA production in the Drosophila germline, *Dev. Cell* 12, pp.851-862 (2007).

[88] Watanabe, T., Chuma, S., Yamamoto, Y., *et al.*, MITOPLD is a mitochondrial protein essential for nuage formation and piRNA biogenesis in the mouse germline, *Dev. Cell* 20, pp.364-375 (2011).

[89] Nishimasu, H., Ishizu, H., Saito, K., *et al.*, Structure and function of Zucchini endoribonuclease in piRNA biogenesis, *Nature* 491, pp.284-287 (2012).

[90] Ipsaro, J.J. and Joshua-Tor, L., The structural biochemistry of Zucchini implicates it as a nuclease in piRNA biogenesis, *Nature* 491, pp.279-283 (2012).

[91] Mohn, F., Handler, D., and Brennecke, J., Noncoding RNA. piRNA-guided slicing specifies transcripts for Zucchini-dependent, phased piRNA biogenesis, *Science* 348, pp.812-817 (2015).

[92] Han, B.W., Wang, W., Li, C., *et al.*, Noncoding RNA. piRNA-guided transposon cleavage initiates Zucchini-dependent, phased piRNA production, *Science* 313, pp.817-821 (2015).

[93] Mohn, F., Sienski, G., Handler, D., *et al.*, The rhino-deadlock-cutoff complex licenses noncanonical transcription of dual-strand piRNA clusters in Drosophila, *Cell* 157, pp.1364-1379 (2014).

[94] Murota, Y., Ishizu, H., Nakagawa, S., et al., Yb integrates piRNA intermediates and processing factors into perinuclear bodies to enhance piRISC assembly, *Cell Rep.* 8, pp.103-113 (2014).

[95] Olivieri, D., Sykora, M. M., Sachidanandam, R., *et al.*, An in vivo RNAi assay identifies major genetic and cellular requirements for primary piRNA biogenesis in Drosophila, *EMBO J.* 29, pp.3301-3317 (2010).

[96] Qi, H., Watanabe, T., Ku, H. Y., *et al.*, The Yb body, a major site for Piwi-associated RNA biogenesis and a gateway for Piwi expression and transport to the nucleus in somatic cells, *J. Biol Chem* 286, pp.3789-3797 (2011).

[97] Saito, K., Ishizu, H., Komai, M., *et al.*, Roles for the Yb body components Armitage and Yb in primary piRNA biogenesis in Drosophila, *Genes Dev.* 24, pp.2493-2498 (2010).

[98] Nishida, K.M., Iwasaki, Y.W., Murota, Y., *et al.*, Respective functions of two distinct Siwi complexes assembled during PIWI-interacting RNA biogenesis in Bombyx germ cells, *Cell Rep.* 10, pp.193-203 (2015).

[99] Xiol, J., Spinelli, P., Laussmann, M.A., *et al.*, RNA clamping by Vasa assembles a piRNA amplifier complex on transposon transcripts, *Cell* 157, pp.1698-1711 (2014).

[100] Sato, K., Iwasaki, Y.W., Shibuya, A., *et al.*, Krimper enforces an antisense bias on piRNA pools by binding AGO3 in the Drosophila germline, *Mol. Cell* 59, pp.553-563 (2015).

[101] Webster, A., Li, S., Hur, J.K., *et al.*, Aub and Ago3 are recruited to nuage through two mechanisms to form a ping-pong complex assembled by Krimper, *Mol. Cell* 59, pp.564-575 (2015).

[102] Zhang, Z., Xu, J., Koppetsch, BS., et al., Heterotypic piRNA Ping-Pong Requires Qin, a Protein with Both E3 Ligase and Tudor Domains, *Mol. Cell* 44, pp.572-584 (2011).

[103] Wang, S.H. and Elgin, S.C., Drosophila Piwi functions downstream of piRNA production mediating a chromatin-based transposon silencing mechanism in female germ line, *Proc. Natl. Acad. Sci.* 108, pp.21164-21169 (2011).

[104] Darricarrère, N., Liu, N., Watanabe, T., *et al.*, Function of Piwi, a nuclear Piwi/Argonaute protein, is independent of its slicer activity, *Proc. Natl. Acad. Sci.* 110, pp.1297-1302 (2013).

[105] Handler, D., Meixner, K., Pizka, M., *et al.*, The genetic makeup of the Drosophila piRNA pathway, *Mol. Cell* 50, pp.762-777 (2013).

[106] Czech, B., Preall, J.B., McGinn, J., *et al.*, A transcriptome-wide RNAi screen in the Drosophila ovary reveals novel factors of the germline piRNA pathway, *Mol. Cell* 50, pp.749-761 (2013).

[107] Muerdter, F., Guzzardo, P.M., Gillis, J., *et al.*, A genome-wide RNAi screen draws a genetic framework for transposon control and primary piRNA biogenesis in Drosophila, *Mol. Cell* 0, pp.736-748 (2013).

[108] Sienski, G., Dönertas, D., Brennecke, J., et al., Transcriptional Silencing of Transposons by Piwi and Maelstrom and Its Impact on Chromatin State and Gene Expression, *Cell* 151, pp.964-980 (2012).

[109] Bühler, M. and Moazed, D., Transcription and RNAi in heterochromatic gene silencing, *Nat. Struct. Mol. Biol.* 14, pp.1041-1048 (2007).

[110] Zhang, K., Mosch, K., Fischle, W., et al., Roles of the Clr4 methyltransferase complex in nucleation, spreading and maintenance of heterochromatin, *Nat. Struct. Mol. Biol.* 15, pp.381-388 (2008).

[111] Haase, A.D., Fenoglio, S., Muerdter, F., *et al.*, Probing the initiation and effector phases of the somatic piRNA pathway in Drosophila, *Genes Dev.* 24, pp.2499-2504 (2010).

[112] Ohtani, H., Iwasaki, Y., Shibuya, A., *et al.*, DmGTSF1 is necessary for Piwi-piRISC-mediated transcriptional transposon silencing in the Drosophila ovary, *Genes Dev.* 27, pp.1656-1661 (2013).

[113] Dönertas, D., Sienski, G., and Brennecke, J., Drosophila Gtsf1 is an essential component of the Piwi-mediated transcriptional silencing complex, *Genes Dev.* 27, pp.1693-1705 (2013).

[114] Yu, Y., Gu, J., Jin, Y., *et al.*, Panoramix enforces piRNA-dependent cotranscriptional silencing, *Science* 350, pp.339-342 (2015).

[115] Sienski, G., Batki, J., Senti, K., *et al.*, Silencio/CG9754 connects the Piwi–piRNA complex to the cellular heterochromatin machinery, *Genes Dev.* 29, pp.2258-2271 (2015).

[116] Yoshimura, T., Toyoda, S., Kuramochi-Miyagawa, S., *et al.*, Gtsf1/Cue110, a gene encoding a protein with two copies of a CHHC Zn-finger motif, is involved in spermatogenesis and retrotransposon suppression in murine testes., *Dev. Biol.* 335, pp.216-227 (2009).

[117] Matsumoto, N., Sato, K., Nishimasu, H., *et al.*, Crystal structure and activity of the endoribonuclease domain of the piRNA pathway factor maelstrom, *Cell Rep.* 11, pp.366-375 (2015).

[118] De Fazio, S., Bartonicek, N., Di Giacomo, M., *et al.*, The endonuclease activity of Mili fuels piRNA amplification that silences LINE1 elements, *Nature* 480, pp.259-263 (2011).

[119] Reuter, M., Berninger, P., Chuma, S., *et al.*, Miwi catalysis is required for piRNA amplification-independent LINE1 transposon silencing, *Nature* 480, pp.264-267 (2011).

[120] Kuramochi-Miyagawa, S., Watanabe, T., Gotoh, K., *et al.*, DNA methylation of retrotransposon genes is regulated by Piwi family members MILI and MIWI2 in murine fetal testes, *Genes Dev.* 22, pp.908-917 (2008).

[121] Aravin, A.A., Sachidanandam, R., Bourc'his, D., *et al.*, A piRNA pathway primed by individual transposons is linked to de novo DNA methylation in mice, *Mol. Cel* 31, pp.785-799 (2008).

[122] Li, XZ., Roy, C.K., Dong, X., *et al.*, An Ancient Transcription Factor Initiates the Burst of piRNA Production during Early Meiosis in Mouse Testes, *Mol. Cell* 50, pp.67-81 (2013).

[123] Pezic, D., Manakov, S.A., Sachidanandam, R., *et al.*, piRNA pathway targets active LINE1 elements to establish the repressive H3K9me3 mark in germ cells, *Genes Dev.* 28, pp.1410-1428 (2014).

[124] Aravin, A.A., Sachidanandam, R., Girard, A., *et al.*, Developmentally regulated piRNA clusters implicate MILI in transposon control., *Science* 316, pp.744-747 (2007).

[125] Muerdter, F., Olovnikov, I., Molaro, A., *et al.*, Production of artificial piRNAs in

flies and mice, *RNA* 18, pp.42-52 (2012).

[126] Ishizu, H., Iwasaki, Y.W., Hirakata, S., *et al.*, Somatic Primary piRNA Biogenesis Driven by cis-Acting RNA Elements and trans-Acting Yb, *Cell Rep.* 12, pp.429-440 (2015).

[127] Homolka, D., Pandey, R.R., Goriaux, C., *et al.*, PIWI Slicing and RNA Elements in Precursors Instruct Directional Primary piRNA Biogenesis, *Cell Rep.* 12, pp.418-428 (2015).

第5章

[1] Kim, Y.G., Cha, J., and Chandrasegaran, S., Hybrid restriction enzymes: zinc finger fusions to Fok I cleavage domain, *Proc. Natl. Acad. Sci. USA* 93, pp.1156-1160 (1996).

[2] Maeder, M.L., Thibodeau-Beganny, S., Sander, J.D., Voytas, D.F., and Joung, J.K., Oligomerized pool engineering (OPEN): an 'open-source' protocol for making customized zinc-finger arrays, *Nat. Protoc.* 4, pp.1471-1501 (2009).

[3] Christian, M., Cermak, T., Doyle, E.L., Schmidt, C., Zhang, F., Hummel, A., Bogdanove, A.J., and Voytas, D.F., Targeting DNA double-strand breaks with TAL effector nucleases, *Genetics* 186, pp.757-761 (2010).

[4] Engler, C., Kandzia, R., and Marillonnet, S., A one pot, one step, precision cloning method with high throughput capability, *PLoS One* 3, e3647 (2008).

[5] Cermak, T., Doyle, E.L., Christian, M., Wang, L., Zhang, Y., Schmidt, C., Baller, J.A., Somia, N.V., Bogdanove, A.J., and Voytas, D.F., Efficient design and assembly of custom TALEN and other TAL effector-based constructs for DNA targeting, *Nucleic Acids Res.* 39, e82 (2011).

[6] Sakuma, T. Hosoi, S., Woltjen, K., Suzuki, K., Kashiwagi, K., Wada, H., Ochiai, H., Miyamoto, T., Kawai, N., Sasakura, Y., Matsuura, S., Okada, Y., Kawahara, A., Hayashi, S., and Yamamoto, T., Efficient TALEN construction and evaluation methods for human cell and animal applications, *Genes Cells* 18, pp.315-326 (2013).

[7] Sakuma, T., Ochiai, H., Kaneko, T., Mashimo, T., Tokumasu, D., Sakane, Y., Suzuki, K., Miyamoto, T., Sakamoto, N., Matsuura, S., and Yamamoto, T., Repeating pattern of non-RVD variations in DNA-binding modules enhances TALEN activity, *Sci. Rep.* 3, 3379 (2013).

[8] Sakuma, T. and Woltjen, K., Nuclease-mediated genome editing: At the front-line of functional genomics technology, *Dev. Growth Differ.* 56, pp.2-13 (2014).

[9] Westra, E.R., Buckling, A., and Fineran, P.C., CRISPR-Cas systems: beyond adaptive immunity, *Nat. Rev. Microbiol.* 12, pp.317-326 (2014).

[10] Jinek, M., Chylinski, K., Fonfara, I., Hauer, M., Doudna, J.A., and Charpentier,

E., A programmable dual-RNA-guided DNA endonuclease in adaptive bacterial immunity, *Science* 337, pp.816-821 (2012).

[11] Hsu, P.D., Lander, E.S., and Zhang, F., Development and applications of CRISPR-Cas9 for genome engineering, *Cell* 157, pp.1262-1278 (2014).

[12] Sander, J.D., Dahlborg, E.J., Goodwin, M.J., Cade, L., Zhang, F., Cifuentes, D., Curtin, S.J., Blackburn, J.S., Thibodeau-Beganny, S., Qi, Y., Pierick, C.J., Hoffman, E., Maeder, M.L., Khayter, C., Reyon, D., Dobbs, D., Langenau, D.M., Stupar, R.M., Giraldez, A.J., Voytas, D.F., Peterson, R.T., Yeh, J.R., and Joung, J.K., Selection-free zinc-finger-nuclease engineering by context-dependent assembly (CoDA), *Nat. Methods* 8, pp.67-69 (2011).

[13] Gupta, A., Christensen, R.G., Rayla, A.L., Lakshmanan, A., Stormo, G.D., and Wolfe, S.A., An optimized two-finger archive for ZFN-mediated gene targeting, *Nat. Methods* 9, pp.588-590 (2012).

[14] Schmid-Burgk, J.L., Schmidt, T., Kaiser, V., Höning, K., and Hornung, V., A ligation-independent cloning technique for high-throughput assembly of transcription activator–like effector genes, *Nat. Biotechnol.* 31, pp.76-81 (2013).

[15] Ding, Q., Lee, Y.K., Schaefer, E.A., Peters, D.T., Veres, A., Kim, K., Kuperwasser, N., Motola, D.L., Meissner, T.B., Hendriks, W.T., Trevisan, M., Gupta, R.M., Moisan, A., Banks, E., Friesen, M., Schinzel, R.T., Xia, F., Tang, A., Xia, Y., Figueroa, E., Wann, A., Ahfeldt, T., Daheron, L., Zhang, F., Rubin, L.L., Peng, L.F., Chung, R.T., Musunuru, K., and Cowan, C.A., A TALEN genome-editing system for generating human stem cell-based disease models, *Cell Stem Cell* 12, pp.238-251 (2013).

[16] Kim, Y., Kweon, J., Kim, A., Chon, J.K., Yoo, J.Y., Kim, H.J., Kim, S., Lee, C., Jeong, E., Chung, E., Kim, D., Lee, M.S., Go, E.M., Song, H.J., Kim, H., Cho, N., Bang, D., Kim, S., and Kim, J.S., A library of TAL effector nucleases spanning the human genome,*Nat. Biotechnol.* 31, pp.251-258 (2013).

[17] Cong, L., Ran, F.A., Cox, D., Lin, S., Barretto, R., Habib, N., Hsu, P.D., Wu, X., Jiang, W., Marraffini, L.A., and Zhang, F., Multiplex genome engineering using CRISPR/Cas systems, *Science* 339, pp.819-823 (2013).

[18] Mali, P., Yang, L., Esvelt, K.M., Aach, J., Guell, M., DiCarlo, J.E., Norville, J.E., and Church, G.M., RNA-guided human genome engineering via Cas9, *Science* 339, pp.823-826 (2013).

[19] Hwang, W.Y., Fu, Y., Reyon, D., Maeder, M.L., Tsai, S.Q., Sander, J.D., Peterson, R.T., Yeh, J.R., and Joung, J.K., Efficient genome editing in zebrafish using a CRISPR-Cas system, *Nat. Biotechnol.* 31, pp.227-229 (2013).

[20] Wang, H., Yang, H., Shivalila, C.S., Dawlaty, M.M., Cheng, A.W., Zhang, F., and

Jaenisch, R., One-step generation of mice carrying mutations in multiple genes by CRISPR/Cas-mediated genome engineering, *Cell* 153, pp.910-918 (2013).

[21] Yang, H., Wang, H., Shivalila, C.S., Cheng, A.W., Shi, L., and Jaenisch, R., One-step generation of mice carrying reporter and conditional alleles by CRISPR/Cas-mediated genome engineering, *Cell* 154, pp.1370-1379 (2013).

[22] Chiu, H., Schwartz, H.T., Antoshechkin, I., and Sternberg, P.W., Transgene-free genome editing in Caenorhabditis elegans using CRISPR-Cas, *Genetics* 195, pp.1167-1171 (2013).

[23] Katic, I. and Großhans, H., Targeted heritable mutation and gene conversion by Cas9-CRISPR in Caenorhabditis elegans, *Genetics* 195, pp.1173-1176 (2013).

[24] Cho, S.W., Lee, J., Carroll, D., Kim, J.S., and Lee, J., Heritable gene knockout in Caenorhabditis elegans by direct injection of Cas9-sgRNA ribonucleoproteins, *Genetics* 195, pp.1177-1180 (2013).

[25] Tzur, Y.B., Friedland, A.E., Nadarajan, S., Church, G.M., Calarco, J.A., and Colaiácovo, M.P., Heritable custom genomic modifications in Caenorhabditis elegans via a CRISPR-Cas9 system, *Genetics* 195, pp.1181-1185 (2013).

[26] Waaijers, S., Portegijs, V., Kerver, J., Lemmens, B.B., Tijsterman, M., van den Heuvel, S., and Boxem, M., CRISPR/Cas9-targeted mutagenesis in Caenorhabditis elegans, *Genetics* 195, pp.1187-1191 (2013).

[27] Hou, Z., Zhang, Y., Propson, N.E., Howden, S.E., Chu, L.F., Sontheimer, E.J., and Thomson, J.A., Efficient genome engineering in human pluripotent stem cells using Cas9 from Neisseria meningitides, *Proc. Natl. Acad. Sci. USA* 110, pp.15644-15649 (2013).

[28] Ran, F.A., Cong, L., Yan, W.X., Scott, D.A., Gootenberg, J.S., Kriz, A.J., Zetsche, B., Shalem, O., Wu, X., Makarova, K.S., Koonin, E.V., Sharp, P.A., and Zhang, F., In vivo genome editing using Staphylococcus aureus Cas9, *Nature* 520, pp.186-191 (2015).

[29] Zetsche, B., Gootenberg, J.S., Abudayyeh, O.O., Slaymaker, I.M., Makarova, K.S., Essletzbichler, P., Volz, S.E., Joung, J., van der Oost, J., Regev, A., Koonin, E.V., and Zhang, F., Cpf1 Is a Single RNA-Guided Endonuclease of a Class 2 CRISPR-Cas System, *Cell* 163, pp.759-771 (2015).

[30] Kleinstiver, B.P., Prew, M.S., Tsai, S.Q., Topkar, V.V., Nguyen, N.T., Zheng, Z., Gonzales, A.P., Li, Z., Peterson, R.T., Yeh, J.R., Aryee, M.J., and Joung, J.K., Engineered CRISPR-Cas9 nucleases with altered PAM specificities, *Nature* 523, pp.481-485 (2015).

[31] Kleinstiver, B.P., Prew, M.S., Tsai, S.Q., Nguyen, N.T., Topkar, V.V., Zheng, Z., and Joung, J.K., Broadening the targeting range of Staphylococcus aureus

CRISPR-Cas9 by modifying PAM recognition, *Nat. Biotechnol.* 33, pp.1293-1298 (2015).

[32] Cho, S.W., Kim, S., Kim, Y., Kweon, J., Kim, H.S., Bae, S., and Kim, J.S., Analysis of off-target effects of CRISPR/Cas-derived RNA-guided endonucleases and nickases, *Genome Res.* 24, pp.132-141 (2014).

[33] Fu, Y., Sander, J.D., Reyon, D., Cascio, V.M., and Joung, J.K., Improving CRISPR-Cas nuclease specificity using truncated guide RNAs, *Nat. Biotechnol.* 32, pp.279-284 (2014).

[34] Slaymaker, I.M., Gao, L., Zetsche, B., Scott, D.A., Yan, W.X., and Zhang, F., Rationally engineered Cas9 nucleases with improved specificity, *Science* 351, pp.84-88 (2016).

[35] Kleinstiver, B.P., Pattanayak, V., Prew, M.S., Tsai, S.Q., Nguyen, N.T., Zheng, Z., and Keith Joung, J., High-fidelity CRISPR-Cas9 nucleases with no detectable genome-wide off-target effects, *Nature* 529, pp.490-495 (2016).

[36] Mali, P., Aach, J., Stranges, P.B., Esvelt, K.M., Moosburner, M., Kosuri, S., Yang, L., and Church, G.M., CAS9 transcriptional activators for target specificity screening and paired nickases for cooperative genome engineering, *Nat. Biotechnol.* 31, pp.833-838 (2013).

[37] Ran, F.A., Hsu, P.D., Lin, C.Y., Gootenberg, J.S., Konermann, S., Trevino, A.E., Scott, D.A., Inoue, A., Matoba, S., Zhang, Y., and Zhang, F., Double nicking by RNA-guided CRISPR Cas9 for enhanced genome editing specificity, *Cell* 154, pp.1380-1389 (2013).

[38] Tsai, S.Q., Wyvekens, N., Khayter, C., Foden, J.A., Thapar, V., Reyon, D., Goodwin, M.J., Aryee, M.J., and Joung, J.K., Dimeric CRISPR RNA-guided FokI nucleases for highly specific genome editing, *Nat. Biotechnol.* 32, pp.569-576 (2014).

[39] Guilinger, J.P., Thompson, D.B., and Liu, D.R., Fusion of catalytically inactive Cas9 to FokI nuclease improves the specificity of genome modification, *Nat. Biotechnol.* 32, pp.577-582 (2014).

[40] Sakuma, T., Nishikawa, A., Kume, S., Chayama, K., and Yamamoto, T., Multiplex genome engineering in human cells using all-in-one CRISPR/Cas9 vector system, *Sci. Rep.* 4, 5400 (2014).

[41] Albers, J., Danzer, C., Rechsteiner, M., Lehmann, H., Brandt, L.P., Hejhal, T., Catalano, A., Busenhart, P., Gonçalves, A.F., Brandt, S., Bode, P.K., Bode-Lesniewska, B., Wild, P.J., and Frew, I.J., A versatile modular vector system for rapid combinatorial mammalian genetics, *J. Clin. Invest.* 125, pp.1603-1619 (2015).

[42] González, F., Zhu, Z., Shi, Z.D., Lelli, K., Verma, N., Li, Q.V., and Huangfu, D.,

An iCRISPR platform for rapid, multiplexable, and inducible genome editing in human pluripotent stem cells, *Cell Stem Cell* 15, pp.215-226 (2014).

[43] Zetsche, B., Volz, S.E., and Zhang, F., A split-Cas9 architecture for inducible genome editing and transcription modulation, *Nat. Biotechnol.* 33, pp.139-142 (2015).

[44] Davis, K.M., Pattanayak, V., Thompson, D.B., Zuris, J.A., and Liu, D.R., Small molecule-triggered Cas9 protein with improved genome-editing specificity, *Nat. Chem. Biol.* 11, pp.316-318 (2015).

[45] Nihongaki, Y., Yamamoto, S., Kawano, F., Suzuki, H., and Sato, M., CRISPR-Cas9-based photoactivatable transcription system, *Chem. Biol.* 22, pp.169-174 (2015).

[46] Nihongaki, Y., Kawano, F., Nakajima, T., and Sato, M., Photoactivatable CRISPR-Cas9 for optogenetic genome editing, *Nat. Biotechnol.* 33, pp.755-760 (2015).

[47] Maeder, M.L., Linder, S.J., Reyon, D., Angstman, J.F., Fu, Y., Sander, J.D., and Joung, J.K., Robust, synergistic regulation of human gene expression using TALE activators, *Nat. Methods* 10, pp.243-245 (2013).

[48] Maeder, M.L., Angstman, J.F., Richardson, M.E., Linder, S.J., Cascio, V.M., Tsai, S.Q., Ho, Q.H., Sander, J.D., Reyon, D., Bernstein, B.E., Costello, J.F., Wilkinson, M.F., and Joung, J.K., Targeted DNA demethylation and activation of endogenous genes using programmable TALE-TET1 fusion proteins, *Nat. Biotechnol.* 31, pp.1137-1142 (2013).

[49] Miyanari, Y., Ziegler-Birling, C., Torres-Padilla, M.E., Live visualization of chromatin dynamics with fluorescent TALEs, *Nat. Struct. Mol. Biol.* 20, pp.1321-1324 (2013).

[50] Maeder, M.L., Linder, S.J., Cascio, V.M., Fu, Y., Ho, Q.H., and Joung, J.K., CRISPR RNA-guided activation of endogenous human genes, *Nat. Methods* 10, pp.977-979 (2013).

[51] Kearns, N.A., Pham, H., Tabak, B., Genga, R.M., Silverstein, N.J., Garber, M., and Maehr, R., Functional annotation of native enhancers with a Cas9-histone demethylase fusion, *Nat. Methods* 12, pp.401-403 (2015).

[52] Chen, B., Gilbert, L.A., Cimini, B.A., Schnitzbauer, J., Zhang, W., Li, G.W., Park, J., Blackburn, E.H., Weissman, J.S., Qi, L.S., and Huang, B., Dynamic imaging of genomic loci in living human cells by an optimized CRISPR/Cas system, *Cell* 155, pp.1479-1491 (2013).

[53] Tanenbaum, M.E., Gilbert, L.A., Qi, L.S., Weissman, J.S., and Vale, R.D., A protein-tagging system for signal amplification in gene expression and fluorescence imaging, *Cell* 159, pp.635-646 (2014).

[54] Konermann, S., Brigham, M.D., Trevino, A.E., Joung, J., Abudayyeh, O.O., Barcena, C., Hsu, P.D., Habib, N., Gootenberg, J.S., Nishimasu, H., Nureki, O., and Zhang, F., Genome-scale transcriptional activation by an engineered CRISPR-Cas9 complex, *Nature* 517, pp.583-588 (2015).

[55] Kim, S., Kim, D., Cho, S.W., Kim, J., and Kim, J.S., Highly efficient RNA-guided genome editing in human cells via delivery of purified Cas9 ribonucleoproteins, *Genome Res.* 24, pp.1012-1019 (2014).

[56] Liang, X., Potter, J., Kumar, S., Zou, Y., Quintanilla, R., Sridharan, M., Carte, J., Chen, W., Roark, N., Ranganathan, S., Ravinder, N., and Chesnut, J.D., Rapid and highly efficient mammalian cell engineering via Cas9 protein transfection, *J. Biotechnol.* 208, pp.44-53 (2015).

[57] Wang, X., Wang, Y., Wu, X., Wang, J., Wang, Y., Qiu, Z., Chang, T., Huang, H., Lin, R.J., and Yee, J.K., Unbiased detection of off-target cleavage by CRISPR-Cas9 and TALENs using integrase-defective lentiviral vectors, *Nat. Biotechnol.* 33, pp.175-178 (2015).

[58] Tsai, S.Q., Zheng, Z., Nguyen, N.T., Liebers, M., Topkar, V. V., Thapar, V., Wyvekens, N., Khayter, C., Iafrate, A.J., Le, L.P., Aryee, M.J., and Joung, J.K., GUIDE-seq enables genome-wide profiling of off-target cleavage by CRISPR-Cas nucleases, *Nat. Biotechnol.* 33, pp.187-197 (2015).

[59] Kim, D., Bae, S., Park, J., Kim, E., Kim, S., Yu, H.R., Hwang, J., Kim, J.I., and Kim, J.S., Digenome-seq: genome-wide profiling of CRISPR-Cas9 off-target effects in human cells, *Nat. Methods* 12, pp.237-243 (2015).

[60] Zernicka-Goetz, M., Morris, S. A., and Bruce, A. W., Making a firm decision: multifaceted regulation of cell fate in the early mouse embryo, *Nat. Rev. Genet.* 10, pp.467-477 (2009).

[61] Arkell, R. M. and Tam, P. P., Initiating head development in mouse embryos: integrating signalling and transcriptional activity, *Open Biol.* 2, 120030 (2012).

[62] Fu, Y., Dominissini, D., Rechavi, G., and He, C., Gene expression regulation mediated through reversible m(6)A RNA methylation, *Nature Reviews Genetics.* 15, pp.293-306 (2014).

[63] Shimomura, O., The discovery of aequorin and green fluorescent protein, *J. Microsc.-Oxford* 217, pp.3-15 (2005).

[64] Chalfie, M., Tu, Y., Euskirchen, G., Ward, W. W., and Prasher, D. C., Green Fluorescent Protein as a Marker for Gene-Expression, *Science* 263, pp.802-805 (1994).

[65] Shaner, N. C., Steinbach, P. A., and Tsien, R. Y., A guide to choosing fluorescent proteins, *Nat. Methods* 2, pp. 905-909 (2005).

[66] Yu, J. A., Castranova, D., Pham, V. N., and Weinstein, B. M., Single-cell analysis

of endothelial morphogenesis in vivo, *Development* 142, pp.2951-2961 (2015).

[67] Ellenbroek, S. I. and van Rheenen, J., Imaging hallmarks of cancer in living mice, *Nat. Rev. Cancer* 14, pp.406-418 (2014).

[68] Hoffman, R. M., Imaging in mice with fluorescent proteins: From macro to subcellular, *Sensors-Basel* 8, pp.1157-1173 (2008).

[69] Levine, M. and Tjian, R., Transcription regulation and animal diversity, *Nature* 424, pp.147-151 (2003).

[70] Butler, J. E. F. and Kadonaga, J. T., The RNA polymerase II core promoter: a key component in the regulation of gene expression, *Gene Dev.* 16, pp.2583-2592 (2002).

[71] Takahashi, K. and Yamanaka, S., Induction of pluripotent stem cells from mouse embryonic and adult fibroblast cultures by defined factors, *Cell* 126, pp.663-676 (2006).

[72] Zhou, Y. Y., and Zeng, F., Integration-free methods for generating induced pluripotent stem cells, *Genomics Proteomics Bioinformatics* 11, pp.284-287 (2013).

[73] Stadtfeld, M. and Hochedlinger, K., Without a trace? PiggyBac-ing toward pluripotency, *Nat. Methods* 6, pp.329-330 (2009).

[74] Park, F., Lentiviral vectors: are they the future of animal transgenesis ?, *Physiol. Genomics* 31, pp.159-173 (2007).

[75] Barocchi, M. A., Masignani, V., and Rappuoli, R., Opinion: Cell entry machines: a common theme in nature ?, *Nat. Rev. Microbiol.* 3, pp.349-58 (2005).

[76] Thomas, C. E., Ehrhardt, A., and Kay, M. A., Progress and problems with the use of viral vectors for gene therapy, *Nature Reviews Genetics* 4, pp.346-358 (2003).

[77] Vainstein, A., Marton, I., Zuker, A., Danziger, M., and Tzfira, T., Permanent genome modifications in plant cells by transient viral vectors, *Trends Biotechnol.* 29, pp.363-369 (2011).

[78] Reetz, J., Herchenroder, O., and Putzer, B. M., Peptide-based technologies to alter adenoviral vector tropism: ways and means for systemic treatment of cancer, *Viruses* 6, pp.1540-1563 (2014).

[79] Munoz-Lopez, M. and Garcia-Perez, J. L., DNA transposons: nature and applications in genomics, *Curr. Genomics* 11, pp.115-128 (2010).

[80] Venken, K. J. T. and Bellen, H. J., Emerging technologies for gene manipulation in Drosophila melanogaster (Vol. 6, p. 167, 2005), *Nature Reviews Genetics* 6, p.340 (2005).

[81] Lander, E. S., et al., Initial sequencing and analysis of the human genome, *Nature* 409, pp.860-921 (2001).

[82] Feschotte, C., Opinion-Transposable elements and the evolution of regulatory networks, *Nature Reviews Genetics* 9, pp.397-405 (2008).

[83] Deininger, P. L., Moran, J. V., Batzer, M. A., and Kazazian, H. H., Jr., Mobile elements and mammalian genome evolution, *Curr. Opin. Genet. Dev.* 13, pp.651-658 (2003).

[84] Cordaux, R. and Batzer, M. A., The impact of retrotransposons on human genome evolution, *Nature Reviews Genetics* 10, pp.691-703 (2009).

[85] Prescott, S. L., Srinivasan, R., Marchetto, M. C., Grishina, I., Narvaiza, I., Selleri, L., Gage, F. H., Swigut, T., and Wysocka, J., Enhancer Divergence and cis-Regulatory Evolution in the Human and Chimp Neural Crest, *Cell* 163, pp.68-83 (2015).

[86] Osorio, J., Evolution: Regulatory evolution of human craniofacial morphology, *Nat. Rev. Genet.* 16, p.625 (2015).

[87] Deng, C., In celebration of Dr. Mario R. Capecchi's Nobel Prize, *Int. J. Biol. Sci.* 3, pp.417-419 (2007).

[88] Evans, M. J. and Kaufman, M. H., Establishment in Culture of Pluripotential Cells from Mouse Embryos, *Nature* 292, pp.154-156 (1981).

[89] Doetschman, T., Gregg, R. G., Maeda, N., Hooper, M. L., Melton, D. W., Thompson, S., and Smithies, O., Targetted correction of a mutant HPRT gene in mouse embryonic stem cells, *Nature* 330, pp.576-578 (1987).

[90] Capecchi, M. R., Altering the genome by homologous recombination, *Science* 244, pp.1288-1292 (1989).

[91] Ikeya, M., Kawada, M., Nakazawa, Y., Sakuragi, M., Sasai, N., Ueno, M., Kiyonari, H., Nakao, K., and Sasai, Y., Gene disruption/knock-in analysis of mONT3: vector construction by employing both in vivo and in vitro recombinations, *Int. J. Dev. Biol.* 49, pp.807-823 (2005).

[92] Niwa, H., How is pluripotency determined and maintained ?, *Development.* 134, pp.635-646 (2007).

[93] Wobus, A. M. and Boheler, K. R., Embryonic stem cells: prospects for developmental biology and cell therapy, *Physiol. Rev.* 85, pp.635-678 (2005).

[94] Thomson, J. A. and Odorico, J. S., Human embryonic stem cell and embryonic germ cell lines, *Trends Biotechnol.* 18, pp.53-57 (2000).

[95] Eiraku, M., Takata, N., Ishibashi, H., Kawada, M., Sakakura, E., Okuda, S., Sekiguchi, K., Adachi, T., and Sasai, Y., Self-organizing optic-cup morphogenesis in three-dimensional culture, *Nature* 472, pp.51-56 (2011).

[96] Eiraku, M. and Sasai, Y., Mouse embryonic stem cell culture for generation of three-dimensional retinal and cortical tissues, *Nat. Protoc.* 7, pp.69-79 (2012).

[97] Nakano, T., Ando, S., Takata, N., Kawada, M., Muguruma, K., Sekiguchi, K., Saito, K., Yonemura, S., Eiraku, M., and Sasai, Y., Self-formation of optic cups and storable stratified neural retina from human ESCs, *Cell Stem Cell* 10, pp.771-785 (2012).

[98] Lancaster, M. A., Renner, M., Martin, C. A., Wenzel, D., Bicknell, L. S., Hurles, M. E., Homfray, T., Penninger, J. M., Jackson, A. P., and Knoblich, J. A., Cerebral organoids model human brain development and microcephaly, *Nature* 501, pp.373-379 (2013).

[99] Secrier, M. and Schneider, R., Visualizing time-related data in biology, a review, *Brief. Bioinform.* 15, pp.771-782 (2014).

[100] Schwank, G., Koo, B. K., Sasselli, V., Dekkers, J. F., Heo, I., Demircan, T., Sasaki, N., Boymans, S., Cuppen, E., van der Ent, C. K., Nieuwenhuis, E. E., Beekman, J. M., and Clevers, H., Functional repair of CFTR by CRISPR/Cas9 in intestinal stem cell organoids of cystic fibrosis patients, *Cell Stem Cell* 13, pp.653-658 (2013).

[101] Matano, M., Date, S., Shimokawa, M., Takano, A., Fujii, M., Ohta, Y., Watanabe, T., Kanai, T., and Sato, T., Modeling colorectal cancer using CRISPR-Cas9-mediated engineering of human intestinal organoids, *Nat. Med.* 21, pp.256-262 (2015).

[102] Kanherkar, R. R., Bhatia-Dey, N., Makarev, E., and Csoka, A. B., Cellular reprogramming for understanding and treating human disease, *Front. Cell Dev. Biol.* 2, p.67 (2014).

[103] Sterneckert, J. L., Reinhardt, P., and Scholer, H. R., Investigating human disease using stem cell models, *Nature Reviews Genetics* 15, pp.625-639 (2014).

索　引

英字・数字

1 分子イメージング (single molecule imaging), 32, 43
2 分割蛍光タンパク質 (split fluorescent protein), 39
2 分割蛍光タンパク質再構成法 (split fluorescent protein reconstitution), 43

A

Addgene, 142
all-in-one ベクター (all-in-one vector), 147
Argonaute ファミリータンパク質 (Argonaute family protein), 98

C

ceRNA, 115
context-dependent assembly (CoDA), 144
CRISPR from *Prevotella* and *Francisella* 1(Cpf1), 145
CRISPR-Cas9 (clustered regularly interspaced short palindromic repeats : CRISPR; CRISPR-associated protein9 : Cas9；クリスパー・キャス 9), 8, 142

D

DNA シーケンシング (DNA sequencing), 160
DNA 二本鎖切断 (DNA double-strand break : DSB), 70, 136

F

FUS (fused in sarcoma), 5

G

Golden Gate 法 (Golden Gate method), 141

H

HOTAIR, 106, 109

I

iPS 細胞 (induced pluripotent stem cells), 11, 155

L

ligation-independent cloning (LIC), 144

M

MALAT1, 107, 111
meiRNA, 107, 110
miRNA(microRNA), 98, 102
MS2 結合タンパク質 (MS2 binding protein : MBP), 41

N

NEAT1, 107, 113
Neisseria meningitides Cas9 (NmCas9), 145

P

PALM (Photo-activated localization microscopy), 40
piRNA(Piwi-interacting RNA), 97, 106
PIWI サブファミリータンパク質 (PIWI subfamily protein), 99
polyA 付加配列 (poly-A tail), 159
protospacer adjacent motif (PAM), 143
Pumilio homology domain (PUM-HD), 42

R

repeat variable diresidue (RVD), 141
RNA 干渉 (RNA interference), 3
RNA サイレンシング (RNA silencing), 97
roX, 106, 109

S

S 期 (synthetic phase), 139
siRNA(small-interfering RNA), 98, 99
SOD1(Cu/Zn superoxide dismutase 1), 4
Staphylococcus aureus Cas9 (SaCas9), 145
STORM (Stochastic optical reconstruction microscopy), 40
Streptococcus pyogenes Cas9 (SpCas9), 143

T

TAD (topological associated domain), 86, 88
TALEN (transcription activator-like effector nuclease；ターレン), 7, 141
TDP-43 (TAR DNA-binding protein of 43 kDa), 5
transcription activator-like effector (TALE), 141

W

Wnt/β-catenin シグナル (Wnt/β-catenin signal), 71

X

Xist, 106, 107

Z

ZFN（zinc finger nuclease；ジンクフィンガーヌクレアーゼ）, 8, 138

あ

アクチン関連タンパク質 (actin-related protein：Arp), 63
アクチンファミリー (actin family), 61
アデノ随伴ウイルスベクター (adeno-associated virus vector：AAV vector), 147
アドジーン (Addgene), 142
遺伝子組換え作物 (genetically modified organism), 10
遺伝子産物 (gene products), 151
遺伝子挿入 (gene insertion), 9
遺伝子ターゲティング (gene targeting), 138, 158
遺伝子ドライブ (gene drive), 12
遺伝子ノックアウト (gene knockout), 9, 140
遺伝子ノックイン (gene knockin), 140
遺伝子ノックダウン (gene knockdown), 9
遺伝子のリプログラミング (gene reprograming), 71
遺伝子発現 (gene expression), 150
遺伝性疾患 (genetic disorder), 9
インターカレータ (intercalator), 16
インテグラーゼ欠損型レンチウイルスベクター (integrase-defective lentiviral vector：IDLV), 149
エピゲノム編集 (epigenome editing),

148
エピジェネティクス (epigenetics), 48, 50, 66, 72, 101
エピトープ (epitope), 148
エフェクター (effector), 141
オープンクロマチン構造 (open chromatin structure), 86, 90
オフターゲット変異 (off-target mutation), 148

か

ガイド RNA(guide RNA：gRNA), 143
核骨格 (nucleoskeleton), 67
核酸 (nucleic acid), 152
核ドメイン (muclear domain), 68
核内アクチン (muclear actin), 71
核膜孔複合体 (nuclear pore complex), 66
核マトリックス (muclear matrix), 67
核ラミナ (muclear lamina), 66
カプシドタンパク質 (capsid protein), 1
ギムザ (Giemsa), 18
キメラ (chimera), 9
キメラタンパク質 (chimeric protein), 136
筋萎縮性側索硬化症 (amyotrophic lateral sclerosis：ALS), 3
近接場光 (evanescent light), 36
クリスパー・キャス 9
☞CRISPR-Cas9
クロマチン (chromatin), 47, 85
クロマチン高次構造 (higher order of chromatin structure), 85
クロマチンの化学修飾 (chemical modification of chromatin), 72
クロマチンリモデリング複合体 (chromatin remodeling complex), 61
蛍光タンパク質 (fluorescent protein), 38
ゲノム編集 (genome editing), 7, 135
減数分裂 (meiosis), 158
広域欠失 (large deletion), 9
恒常性 (homeostasis), 151

さ

細胞核 (cell nucleus), 61
細胞系譜 (cell lineage), 151
細胞小器官 (organelle), 153
サザンブロット (Southern blotting), 160
視細胞 (photoreceptor cell), 164
斜光照明 (oblique illumination), 36
修復機構 (repair mechanism), 136
順遺伝学的スクリーニング (forward genetic screening), 10
小分子 RNA(small RNA), 96, 97
ジンクフィンガー (zinc finger), 138
ジンクフィンガーヌクレアーゼ
☞ZFN
スベロイルアニリドヒドロキサム酸 (suberoylanilide hydroxamic acid), 31
制限酵素 (restriction enzyme), 8, 136
成体幹細胞 (adult stem cells), 11, 166
前駆細胞 (progenitor cell), 164
全ゲノムシーケンス (whole-genome sequencing：WGS), 149
染色体テリトリー (chromosome territory), 67, 68, 86, 87
染色体バンディング法 (chromosome banding technique), 16
前頭側頭葉変性症 (frontotemporal lobar degeneration：FTLD), 3
セントロメア (centromere), 58
全反射蛍光顕微鏡（total internal reflection fluorescence microscope；TIRF 顕微鏡）, 35
相同組換え (homologous recombination：HR), 138
相同性 (homology), 55
相同染色体 (homologous chromosomes), 13
阻害剤 (chemical inhibitor), 164

た

ターゲティングベクター (targeting

vector), 138, 158
大腸菌スクリーニング (bacterial screening), 140
脱メチル化 (demethylation), 80
多能性幹細胞 (pluripotent stem cell), 150, 160
タバコモザイクウイルス (tobacco mosaic virus), 1
ターレン ☞TALEN
長鎖ノンコーディングRNA(long noncording RNA), 96, 106
超分解能蛍光顕微鏡法 (superresolution fluorescence microscopy), 40
ディープシーケンシング (deep sequencing), 149
テロメア (telomere), 23
転移因子 (transposable element), 157
転座 (translocation), 9
転写 (transcription), 150
転写因子 (transcription factor), 51, 141
トランスポゾン (transposon), 103, 115

な

ニッカーゼ (nickase), 147
二倍体 (diploid), 13
ヌクレアーゼ (nuclease), 136
ノックアウト (knockout), 9
ノンアレリック (nonallelic), 56

は

発生 (development), 150
バリアント (variant), 50
ヒストンコード仮説 (histone code), 74
ヒストンシャペロン (histone chaperone), 57
ヒストンテール (histone tail), 54, 74
ヒストンバーコード仮説 (histone barcode hypothesis), 57
ヒストンバリアント (histone variant), 61
非相同末端結合 (non-homologous end joining：NHEJ), 139
ヒトゲノム (human genome), 8
ヒトゲノム完全解読宣言 (completion of the human genome sequence), 3
プロモーター (promoter), 51, 154
分化 (differentiation), 150
ヘテロクロマチン (heterochromatin), 14, 69
ヘテロクロマチン構造 (heterochromatin structure), 86, 90
変異導入 (targeted mutagenesis), 9
ホモロジーアーム (homology arm), 138
翻訳 (translation), 151
翻訳後修飾 (post-translational modification), 50

ま

メガヌクレアーゼ (meganuclease), 139
メチル化 (mathylation), 76
メンデルの法則 (Mendel's laws), 160
モジュラーアセンブリー (modular assembly), 144

や

ユークロマチン (euchromatin), 14
ユビキチン (ubiquitin), 52
ユビキチン陽性封入体 (ubiquitinated inclusions), 5

ら

リガーゼ (ligase), 142
隣接塩基排除原理 (nearest neighbor exclusion principle), 21
レポーター遺伝子 (reporter gene), 140

執筆者紹介

宇理須 恒雄 (うりす つねお) 1.1 節 担当
- 1968 年　東京大学理学部化学科 卒業
- 1973 年　東京大学理学系大学院化学科 修了・理学博士
- 同　年　日本電信電話公社武蔵野電気通信研究所 研究員
- 1983 年　日本電信電話（株）LSI 研究所 研究員・グループリーダー
- 1992 年　自然科学研究機構 分子科学研究所 教授
- 2011 年　名古屋大学革新ナノバイオデバイス研究センター 特任教授
- 2015 年　名古屋大学グリーンモビリテイ連携研究センター 客員教授
- 2016 年　名古屋大学未来社会創造機構 客員教授
- 現在に至る．

佐久間 哲史 (さくま てつし) 1.2 節，5.1 節 担当
- 2008 年　広島大学理学部生物科学科 卒業
- 2012 年　広島大学大学院理学研究科数理分子生命理学専攻 博士課程後期修了・博士（理学）
- 同　年　日本学術振興会 特別研究員 PD
- 2013 年　広島大学大学院理学研究科 特任助教
- 2015 年　広島大学大学院理学研究科 特任講師
- 同　年　文部科学省 研究振興局 ライフサイエンス課 生命倫理・安全対策室 学術調査官（兼任）
- 現在に至る．

主要著書
- MMEJ-assisted gene knock-in using TALENs and CRISPR/Cas9 with the PITCh systems（筆頭著者・責任著者，*Nature Protocols*，2016 年）
- MMEJ-mediated integration of donor DNA in cells and animals using TALENs and CRISPR/Cas9（責任著者，*Nature Communications*，2014 年）
- Multiplex genome engineering in human cells using all-in-one CRISPR/Cas9 vector system（筆頭著者・責任著者，*Scientific Reports*，2014 年）
- 『今すぐ始めるゲノム編集（実験医学別冊）』（共著，羊土社，2015 年）
- 『論文だけではわからない ゲノム編集成功の秘訣 Q&A（実験医学別冊）』（共著，羊土社，2014 年）

執筆者紹介

高田 望（たかた のぞむ）　1.2 節，5.2 節 担当
2004 年　名古屋大学理学部生命理学科 卒業
2009 年　大阪大学大学院理学研究科生物科学専攻 博士後期課程修了・理学博士
同　年　東京大学大学院医学系研究科ゲノム医学講座 研究員
同　年　理化学研究所 発生再生科学総合研究センター 器官発生グループ 研究員
2014 年　理化学研究所 発生再生科学総合研究センター 立体組織形成研究チーム 研究員
2016 年　Center for Vascular and Developmental Biology, Feinberg Cardiovascular Research Institute, ノースウェスタン大学 研究員
現在に至る．

主要著書
Emergence of dorsal-ventral polarity in ESC-derived retinal tissue（共著, *Development*, 2016 年）
Specification of embryonic stem cell-derived tissues into eye fields by Wnt signaling using rostral diencephalic tissue-inducing culture（筆頭著者, *Mechanisms of Development*, 2016 年）
Establishment of functional genomics pipeline in mouse epiblast-like tissue by combining transcriptomic analysis and gene knockdown/knockin/knockout, using RNA interference and CRISPR/Cas9（筆頭著者, *Human Gene Therapy*, 2016 年）
Self-formation of optic cups and storable stratified neural retina from human ESCs（共著, *Cell Stem Cell*, 2012 年）
Self-organizing optic-cup morphogenesis in three-dimensional culture（共著, *Nature*, 2011 年）

竹中 繁織（たけなか しげおり）　2.1 節 担当
1982 年　九州工業大学環境工学科 卒業
1984 年　九州大学大学総合理工学科分子工学専攻 博士前期課程修了
1986 年　九州大学大学総合理工学科分子工学専攻 博士後期課程中退
同　年　九州大学工学部 助手
1988 年　工学博士（九州大学）
1991 年　九州工業大学助教授情報工学部 転任
1994-1995 年　Georgia State University (USA) 博士研究員
1995 年　九州大学工学部 助教授
2005 年　九州工業大学工学部 教授
2006 年　九州工業大学バイオマイクロセンシング技術研究センター センター長
現在に至る．

主要著書
Biomarkers in Disease : Methods, Discoveries and Applications（共著, Springer, 2015 年）

小澤 岳昌（おざわ たけあき）　2.2 節 担当
　1993 年　東京大学理学部化学科 卒業
　1995 年　東京大学大学院理系研究科化学専攻 修士課程修了
　1998 年　同 博士課程修了・博士（理学）
　同　年　東京大学大学院理系研究科化学専攻 助教
　2002 年　同 講師
　2005 年　自然科学研究機構 分子化学研究所 助教授
　2007 年　東京大学大学院理学系研究科 教授
　現在に至る．

　主要著書
　『光る遺伝子』（監訳，丸善株式会社，2009 年）

吉村 英哲（よしむら ひであき）　2.2 節 担当
　2001 年　京都大学工学部工業化学科 卒業
　2003 年　京都大学大学院工学研究科分子工学専攻 修士課程修了
　2007 年　総合研究大学院大学物理科学研究科構造分子化学専攻 博士後期課程修了・博士（理学）
　同　年　JST-ICORP 博士研究員（京都大学再生医科学研究所）
　2009 年　東京大学大学院理学系研究科化学専攻 特任助教
　2015 年　東京大学大学院理学系研究科化学専攻 助教
　現在に至る．

胡桃坂 仁志（くるみざか ひとし）　3.1 節 担当
　1989 年　東京薬科大学薬学部 卒業
　1995 年　博士（学術）（埼玉大学）
　同　年　アメリカ合衆国国立保健研究所 (NIH) 博士研究員
　1997 年　理化学研究所 細胞情報伝達研究室 研究員
　2003 年　早稲田大学理工学部電気・情報生命工学科 助教授
　2007 年　早稲田大学先進理工学部電気・情報生命工学科 准教授
　2008 年　早稲田大学先進理工学部電気・情報生命工学科 教授
　現在に至る．

　主要著書
　『イラストでみるやさしい先端バイオ』（羊土社，2002 年）
　『基本がわかれば面白い！バイオの授業』（羊土社，2006 年）

執筆者紹介

越阪部 晃永（おさかべ あきひさ）　3.1 節 担当
- 2007 年　早稲田大学理工学部電気・情報生命工学科 卒業
- 2009 年　早稲田大学先進理工学研究科電気・情報生命専攻 修士課程修了
- 2012 年　博士（理学）（早稲田大学）
- 同　年　早稲田大学先進理工学部電気・情報生命工学科 助手
- 2013 年　早稲田大学理工学術院 助教
- 2015 年　早稲田大学理工学術院研究院 助教
- 2016 年　グレゴール・メンデル研究所 博士研究員

現在に至る．

主要著書
『エピジェネティクスの構造基盤』（筆頭著者，羊土社，2014 年）

原田 昌彦（はらた まさひこ）　3.2 節 担当
- 1984 年　東北大学理学部生物学科 卒業
- 1989 年　東北大学大学院農学研究科農芸化学専攻 博士後期課程修了・農学博士
- 同　年　東北大学大学院農学研究科生物化学研究室 助手
- 2002 年　同 助教授
- 2007 年　同 准教授

現在に至る．
この間，1992 年より 1994 まで，ウィーン大学がん研究所に滞在

主要著書
『クロマチンレベルの転写制御機構』（共著，朝倉書店，2005 年）
『細胞核—遺伝情報制御と疾患』（共著，羊土社，2009 年）

束田 裕一（つかだ ゆういち）　3.3 節 担当
- 1998 年　東京工業大学生命理工学部生命理学科 卒業
- 2003 年　東京工業大学大学院生命理工学研究科生体システム専攻 博士課程修了・博士（理学）
- 同　年　ノースカロライナ大学 研究員
- 2006 年　九州大学生体防御医学研究所 助手
- 2009 年　科学技術振興機構さきがけ研究者（兼任）
- 2011 年　九州大学生体防御医学研究所 准教授
- 2014 年　九州大学稲盛フロンティア研究センター 教授

現在に至る．

主要著書
DNA and Histone Methylation as Cancer Targets（編者，Springer Nature, in press）
『遺伝子発現機構「クロマチン，転写，エピジェネティクス」』（共著，化学同人社，2017 年）
Epigenetics 2nd edition（共著，Cold Spring Harbor Press，2015 年）
『エピジェネティクス』（共著，化学同人社，2013 年）

宮成 悠介 (みやなり ゆうすけ)　3.4 節 担当
　2001 年　九州大学薬学部 卒業
　2006 年　京都大学生命科学研究科 修了・博士（生命科学）
　-2009 年　国立遺伝学研究所 博士研究員
　-2014 年　フランス国立科学研究センター (IGBMC) 博士研究員
　2014 年　自然科学研究機構 岡崎統合バイオサイエンスセンター 特任准教授
　同　年　科学技術振興機構さきがけ研究員
　現在に至る．

塩見 美喜子 (しおみ みきこ)　第 4 章 担当
　1984 年　岐阜大学農学部農芸化学科 卒業
　1988 年　京都大学大学院農学研究科農芸化学専攻 修士課程修了
　1994 年　農学博士（京都大学）
　2003 年　医学博士（徳島大学）
　1999 年　徳島大学ゲノム機能研究センター分子機能解析分野 助手，講師を経て助教授
　2008 年　慶應義塾大学医学部分子生物学教室 准教授
　2012 年　東京大学大学院理学系研究科生物化学専攻 教授（2014 年より生物科学専攻に改名）
　現在に至る．

主要著書
『ノンコーディング RNA テキストブック 最新の医学・創薬研究，方法論とマイルストーン論文 200 報』（共著，羊土社，2015 年）

大西 遼 (おおにし りょう)　第 4 章 担当
　2014 年　東京大学理学部生物科学科 卒業
　2016 年　東京大学大学院理学系研究科生物科学専攻 修士課程修了
　現在に至る．

ナノ学会編
シリーズ：未来を創るナノ・サイエンス&テクノロジー
第4巻 ナノバイオ・メディシン
細胞核内反応とゲノム編集

© 2017 Tsuneo Urisu, Tetsushi Sakuma,
　　　 Nozomu Takata, Shigeori Takenaka,
　　　 Takeaki Ozawa, Hideaki Yoshimura,
　　　 Hitoshi Kurumizaka, Akihisa Osakabe,
　　　 Masahiko Harata, Yuichi Tsukada,
　　　 Yusuke Miyanari, Mikiko Siomi,
　　　 Ryo Onishi
　　　　　　　　　　　Printed in Japan

2017年5月31日 初版第1刷発行

編著者	宇理須 恒雄
共著者	佐久間 哲史
	高田　望
	竹中 繁織
	小澤 岳昌
	吉村 英哲
	胡桃坂 仁志
	越阪部 晃永
	原田 昌彦
	束田 裕一
	宮成 悠介
	塩見 美喜子
	大西 遼
発行者	小山 透
発行所	株式会社 近代科学社

〒162-0843 東京都新宿区市谷田町2-7-15
電話 03-3260-6161　振替 00160-5-7625
http://www.kindaikagaku.co.jp

大日本法令印刷　ISBN978-4-7649-5028-3

定価はカバーに表示してあります。